碎石土斜坡土体水平抗力分布规律研究

陈继彬　魏　尧　王思宇　罗益斌◎著

U0206573

西南交通大学出版社
·成都·

图书在版编目（CIP）数据

碎石土斜坡土体水平抗力分布规律研究 / 陈继彬等
著. -- 成都 ： 西南交通大学出版社，2024. 8. -- ISBN
978-7-5643-9971-9

Ⅰ. TU413.6

中国国家版本馆 CIP 数据核字第 2024P5J922 号

Suishitu Xiepo Tuti Shuiping Kangli Fenbu Guilü Yanjiu

碎石土斜坡土体水平抗力分布规律研究

陈继彬　魏尧　王思宇　罗益斌　著

策 划 编 辑	黄庆斌
责 任 编 辑	姜锡伟
封 面 设 计	原谋书装
出 版 发 行	西南交通大学出版社
	（四川省成都市金牛区二环路北一段 111 号
	西南交通大学创新大厦 21 楼）
营销部电话	028-87600564　028-87600533
邮 政 编 码	610031
网 址	http://www.xnjdcbs.com
印 刷	成都蜀通印务有限责任公司
成 品 尺 寸	170 mm × 230 mm
印 张	12
字 数	203 千
版 次	2024 年 8 月第 1 版
印 次	2024 年 8 月第 1 次
书 号	ISBN 978-7-5643-9971-9
定 价	78.00 元

中国是一个多山国家，山地、丘陵等斜坡场地分布广泛，较多的河谷、坡地资源被开发为建筑场地，这种趋势随着经济、社会的发展仍在加剧。在斜坡上或邻近斜坡顶部设置工程结构（桩基础）时，结构物在各类荷载效应组合下其基础（如桩基础）必然会对斜坡土体产生水平推力，同时坡体对工程结构给予水平支撑力（抗力）。由于斜坡场地坡度的存在，从上至下一定深度范围内土体抗力将会被不同程度地弱化，致使土体不能够提供有效抗力来阻挡桩身变形，进而引发工程事故。这一现象引人深思，桩后土体推力会不会使下方坡体失稳破坏？桩前土体抗力能否保证工程结构安全稳定？斜坡-结构-岩土体相互"博弈"直至"牵制"平衡的过程中作用力的演化规律是什么？解决这些问题的关键是正确认识斜坡土体水平抗力的分布规律。

西南地区，是中国七大自然地理分区之一，东临华中地区、华南地区，北依西北地区，包括重庆市、四川省、贵州省、云南省、西藏自治区共五个省（自治区、直辖市）。其中：四川盆地是该地区人口最稠密、交通最便捷、经济最发达的区域。区域内各种地貌形态分布广泛、均衡，其中：低地盆地、平原、小起伏低山和小起伏中山的面积较大，分别占总面积的 14.34%、12.22% 和 15.89%。总体来说，山区总面积超过 30%，导致交通桥梁、水电、市政等工程多需穿越崇山峻岭，基础（桩）所处地形陡峻、受力复杂。再加上地震、降雨、河流沟谷纵横切割等外部因素影响，西南地区斜坡场地工程失事事件频发，极大地阻碍了人类生产生活和工程建设的推进发展。因而，正确认识斜坡场地水平抗力随深度的分布规律，不仅关系到工程结构的安全可靠，更可促进斜坡土体稳定性评价的科学性向着利好的方向发展。

目前，对桩侧土体水平抗力分布规律的研究主要通过理论分析和试验测试等方法获得地基水平抗力沿深度的分布。在理论分析中，一般把深入土体的桩视为竖向弹性地基梁，认为土体水平抗力的大小与桩侧土体水平位移成正比，比例系数为水平抗力系数。在多年的理论和实践中，根据对水平抗力系数沿深度分布的研究，业界逐渐形成了常数法、m 法、k 法、c 法。如果能够获得水平抗力系数，则可在测得桩侧不同深度土体位移的基础上，获得土体水平抗力分布，或者将不同分布模式代入地基梁的微分方程进行求解。西南山区碎石土因其颗粒组成及成因多样导致其土体水平抗力分布复杂，对于中密、密实的砾砂、碎石类土，鲜见可借鉴的相关研究成果。时至今日，该区域 m 值取值仍未能取得与荷载大小、荷载位置、允许位移等较好的匹配适应度。反观工程结构受地形限制而位于斜坡之上时，桩周土体抗力最大值可能位置向深部有所迁移，同时抗力的大小与水平场地亦有差距。因此，对碎石土斜坡土体水平抗力分布和计算方法需要进行进一步研究。

本书作者及其所在单位相关研究人员先后参与了成都地区中等风化泥岩承载力专题研究、腐蚀环境桥梁桩基地震响应研究、碎石土-基岩复合地基基桩水平作用力参数 m 值研究、地震区陡坡地形基础设计研究等纵（横）向课题，积累了一批研究资料和成果。因此，本书作者认为，将这些知识、成果等集合起来，按知识体系和专业逻辑加以整理完善并出版，有利于学者们相互交流和探讨，有助于工程技术人员研习和应用。

本书内容共分为 6 章，以斜坡土体为对象，通过室内物理模型试验、现场试验、数值模拟等手段，对不同碎石土土体类型、不同边坡坡度的斜坡土体水平抗力分布规律进行研究，获得碎石土斜坡土体水平抗力的分布模式，以建立碎石土斜坡土体水平抗力计算模型。该研究编纂所用资料，主要源自作者相关研究报告、博士学位论文、作者所在单位其他同事的科研成果。为保持本书知识的先进性和体系的完整性，书中还引用了大量国内外相关文献的成果。所引文献、成果均在正文标注并在书尾列出以示尊重并供参阅。书中涉及的一些术语和惯用语，也参照行业规范使用。

本书的编写，承蒙中国电力工程顾问集团西南电力设计院有限公司、四川省电力设计院有限公司等单位提供了大量资料、数据和研究成果，特致谢意。

对本书的完成起重要作用和做出显著贡献的有成都理工大学赵其华教授-彭社琴教授的研究团队、北京中岩大地科技股份有限公司康景文教授级高级工程师的研究团队，在此对他们的无私奉献和支持表示衷心感谢！

受限于作者的知识体系、从业经历、服务对象、研究领域和成果创新程度，书中不妥之处在所难免，敬请读者批评指正和不吝赐教。

本书得到了成都工业学院人才项目基金资助。

作 者
2024 年 1 月

目 录
CONTENTS

第1章 绪 论 ··· 001

  1.1 研究背景 ··· 002

  1.2 国内外研究进展 ··· 004

  1.3 研究内容 ··· 021

第2章 碎石土斜坡土体水平抗力试验设计 ······················ 023

  2.1 试验模型选取原则 ··· 024

  2.2 同土性不同坡度碎石土模型试验设计 ··························· 025

  2.3 同坡度不同土性碎石土模型试验设计 ··························· 047

第3章 斜坡场地不同类土水平抗力分布规律研究 ············· 055

  3.1 不同密实度碎石土试验结果分析 ······························· 056

  3.2 不同胶结程度碎石土试验结果分析 ····························· 064

  3.3 桩-土应力-应变阶段分析 ··· 072

  3.4 不同类土土体水平抗力时空分布规律 ··························· 075

  3.5 本章小结 ··· 086

第4章 不同斜坡坡度土体水平抗力分布规律研究 ············· 088

  4.1 不同坡度下现场试验结果分析 ··································· 089

  4.2 不同坡度下室内模型试验结果分析 ····························· 102

  4.3 不同坡度土体水平抗力时间分布规律 ··························· 112

  4.4 不同坡度土体抗力表征指标确定 ······························· 121

  4.5 本章小结 ··· 130

第 5 章　斜坡土体水平抗力分布规律 ································ 132

  5.1　斜坡土体水平抗力的分布模式 ······················ 133

  5.2　斜坡土体水平抗力的计算模型 ······················ 140

  5.3　本章小结 ·· 163

第 6 章　本书理论在土体水平抗力计算中的应用 ············ 165

  6.1　土压力计算例 1 ·· 166

  6.2　土压力计算例 2 ·· 168

  6.3　土压力计算例 3 ·· 170

  6.4　本章小结 ··· 178

参考文献 ·· 180

第 1 章

绪 论

1.1 研究背景

地球上山地、丘陵等斜坡场地分布广泛，中国更是一个多山的国家，尤其在西南地区，斜坡场地约占陆地面积的90%。山地斜坡易发生滑坡、崩塌等地质灾害，从而威胁人们生命财产安全，并造成重大环境影响（如大光包—红洞子沟巨型滑坡，黄润秋等，2008；重庆武隆鸡尾山崩滑灾害，许强等，2009；魏家沟暴雨泥石流，唐川等，2009）。随着社会经济的发展，越来越多的河谷、坡地资源被开发为建筑场地，而且这种趋势还在加剧。在斜坡上或邻近斜坡顶部设置工程结构（桩基础）时，结构物在各类荷载效应组合下其基础（桩）必然会对斜坡土体产生水平推力，同时坡体对工程结构给予水平支撑力（抗力），斜坡-结构-岩土体系相互作用过程中力从"博弈"到渐趋"平衡"（图 1-1），力的作用过程复杂进而导致诸多工程问题，如汶川地震后福堂坝、太平驿及映秀电站—二台山 220 kV 线路 173 座输电线塔桩基失稳事件（2008 年），芦山地震康崇线 500 kV 输电线塔桩基失稳事件（2013 年），西康高速桥梁倒塌事件（2014 年），重庆万州驹步河铁路桥部分桥墩倒塌事件（2023 年），等。随着"十四五"规划百余项重大工程的实施，重大基础设施以及新型基础设施启动建设，人们未来面临的工程斜坡环境效应矛盾会越来越突出。正确认识水平抗力随深度的分布规律不仅关系到工程结构的安全可靠，更可促进斜坡土体稳定性评价的科学性向着利好的方向发展。

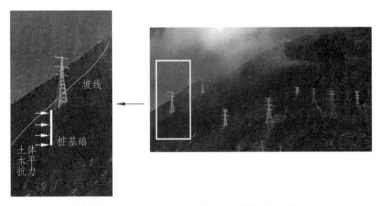

图 1-1　斜坡内工程结构水平推力（土体抗力）作用示意图

　　斜坡地质体可为土体或岩体。土体或强风化的岩体极易失稳，引发滑坡等地质灾害，影响人们的生命财产安全。斜坡地质灾害成因主要有降雨、地震、极端气候、工程开挖等，另外就是以其自身地质环境、岩土体类型、结构特征为基础，叠加上述因素作用。在斜坡上或邻近斜坡顶部设置工程结构（桩基础），桩基础受桩顶水平荷载作用会对桩周围土体产生水平挤压作用，此时，桩侧受压土体将产生一定的反作用力而阻止桩基础进一步变形（该反作用力即为土体水平抗力）。若结构的水平推力过大，便会影响桩前受压土体的稳定性，耦合桩侧土体抗力弱化，最终引发斜坡失稳。人们往往注重自然灾害（代贞伟等，2016；陈成等，2017）引起的边坡失稳而忽略此类致灾因素，如图 1-2 所示，但这种作用确实存在。土体在基础（桩）水平推力作用下产生对结构的水平抗力。确定土体水平抗力的方法主要分为两种：① 基于弹性半无限空间模型条件所提出的水平抗力系数随深度分布的四种假设（常数、k、m、c 法）；② 基于 Mcclelland 和 Focht 理论（1970），根据桩水平静载试验实测 p（反力）-y（位移）关系曲线。上述方法均以水平场地为适用主体，且均是基于相对均质土体、有限数量的小尺寸桩基现场试验结果，因此在采用任何一种土体抗力的分布模式时都将考虑假设条件与斜坡场地的土体、桩基是否一致，即是否满足非半无限空间体的斜坡场地条件。但在这种条件下确定的水平抗力是否具有广泛的适用性仍未得到实践检验，这无疑使斜坡上的工程安全和稳定产生了非常大的不确定性。

图 1-2　工程结构推力致使边坡失稳案例

影响桩前土体水平抗力（即被动土压力）的因素相对较多，是土体与结构相互作用的结果，与土体的物理力学性质、结构形状、刚度、位移等因素有关；在斜坡场地中，坡度则是另外一个较为重要的影响因素。就本书研究而言，拟以碎石土斜坡场地刚性桩为研究对象，通过室内外桩基静荷载试验对不同性状碎石土（不同密实度、不同胶结程度）、斜坡坡度条件下土体水平抗力的分布规律进行深入研究，提出斜坡土体水平抗力半理论半经验计算方法，探索更符合结构变形行为与场地条件相互作用的碎石土土压力分布模型。该研究所探究的是工程地质学中边坡稳定与支挡结构方向的基本理论问题，对斜坡场地结构水平抗力计算的取值有一定的借鉴作用，有重要的理论意义和实际价值。

1.2　国内外研究进展

土压力是工程结构上的主要荷载，是引起结构变形的主要原因。基础结构设计阶段保证安全稳定的首要因素，就是确定土压力。随着结构位移量的变化，土体的受力变形状态不同，土的压力值在两个极值 p_p（被动土压力）和 p_a（主动土压力）之间变化（图 1-3）。计算被动压力 p_p 主要是应用极限平衡理论（处于塑性状态）的朗肯理论和库仑理论。两种理论的假设条件不同，参见表 1-1。

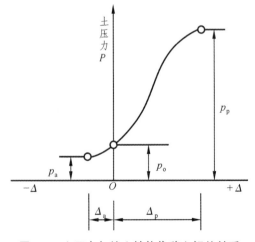

图 1-3　土压力与挡土结构位移之间的关系

表 1-1 经典土压力假设条件对比

土压力名称	墙背	墙后填土	破坏形式	推导方法
朗肯土压力	竖直光滑	砂性填土表面水平并无限延长	墙对破坏楔体没有干扰等	基于莫尔-库仑强度理论及半无限土体的微元极限平衡状态推导出挡土墙的墙后主动土压力和被动土压力计算公式
库仑土压力	刚性可以为倾斜	墙后填土是各向同性、均质的无黏性砂土	当墙身向前或向后移动以产生主动土压力或被动土压力时,滑动破坏楔体沿着墙背和一个通过墙踵的平面发生滑动	在破坏土楔体为刚体等假定条件下,从滑动楔体处于极限平衡状态时的静力平衡条件出发,求墙后主动土压力及被动土压力计算公式

　　对于一般工程条件,库仑土压力理论使用便捷,但其假定墙后填土为无黏性土,对于建筑物地基土体常遇的黏性土便不能运用自如;朗肯土压力理论是库仑土压力理论的特例,对于黏性土的情况给出了相应的计算方法,假定墙后填土为水平并无限延长,但是在实际工程中,结构基础(桩)工程很少有严格满足上述假定条件的情况,其土压力分布规律较为复杂(彭社琴,2009)。利用两大理论计算得到的被动土压力分布如图 1-4 所示,均认为被动土压力沿深度 z 呈直线分布,当墙后土体表面均布荷载作用、土体表面不规则时,土压力分布模式整体上呈三角形(或梯形)。

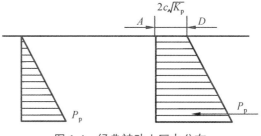

图 1-4 经典被动土压力分布

两大经典土压力理论均源于对重力式挡土墙的讨论，墙体的长宽比例很大，位移往往较大，墙后土体能够达到极限平衡状态，可以简化为平面应变问题；而其他形式的支挡结构，刚度能力不同，导致土压力分布形式存在差异。例如图 1-5 所示，Prasad 等（1999）对比了刚性桩被动土压力分布实测值与理论计算值的差异，可见在某一深度范围内，被动土压力随深度变化的实测曲线与理论曲线变化趋势相似，但是随埋深加深，实测值与理论值的分布形式出现明显的不同；赵其华等（2008）在对比悬臂桩土压力理论值和实测值后发现，实测土压力小于理论计算值，分布形式也有差异。上述均表明，经典土压力理论在桩基础工程中计算被动土压力时存在无法调和的局限性。这主要是因为在水平荷载作用下，基桩的实际工作性状极其复杂，可简化为以下三个阶段：荷载施加的初始阶段，基桩克服桩本身材料强度产生变形；随着变形的发展，桩侧土体受到挤压而产生抗力，这一抗力将阻止桩身变形的进一步发展，从而构成复杂的桩-土相互作用体系；当变形增大到桩身材料所不能容忍的程度或桩侧土体失稳时，桩-土体系便趋于破坏，桩侧土的屈服区随荷载的增加而逐渐向下扩展。由此可见，桩侧土压力分布形式与桩位移情况有关，桩侧土体往往达不到被动极限状态，土压力不能按库仑或朗肯土压力理论计算。

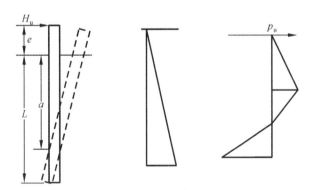

图 1-5 理论计算土压力与实测对比图（Prasad et al.，1999）

在斜坡地场中，桩基遭受桩顶水平荷载作用而产生向临空向的位移并引起桩侧土体的变形，因坡体临空，不能将场地视作半无限体，使得桩侧土体作用在桩上的水平抗力发生了与水平场地不同的响应特征。对此类工况下坡-

桩-坡体系相互作用的研究主要涉及的问题有以下三个方面：土体水平抗力的分布模式、土性对土体水平抗力分布规律的影响、斜坡坡度对土体水平抗力分布规律的影响。

1.2.1　土体水平抗力分布模式

目前，对桩侧土体水平抗力分布规律的研究主要通过理论分析和试验测试等方法获得：

在理论分析中，一般把深入土体的桩视为竖向弹性地基梁，认为土体水平抗力的大小与桩侧土体水平位移成正比，比例系数为水平抗力系数。在多年的理论和实践中，水平抗力系数沿深度的分布逐渐形成了如图 1-6 所示的 4 种常见模式。如果能够获得水平抗力系数，则可在测得桩侧不同深度土体位移的基础上，获得土体水平抗力分布，或者将以下分布模式代入地基梁的微分方程进行求解。

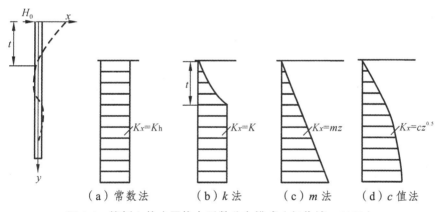

（a）常数法　（b）k 法　（c）m 法　（d）c 值法

图 1-6　桩侧土体水平抗力系数分布模式（杨位洸，1998）

对于中密、密实的砾砂、碎石类土，m 法应用相对广泛 [图 1-6（c）]。问题是，水平抗力系数只是一个假设，且不容易准确获得，桩侧土体位移的获取更多的是依据现场试验，获取相对困难；《建筑桩基技术规范》（JGJ 94—2008）（中国建筑科学研究院，2008）也给出了抗力系数比例系数 m 值的建议值和计算方法，按式（1-1）计算。m 值取值应与荷载大小、荷载位置、允许位移相适应。

$$m = \frac{\left(\dfrac{H_{cr}}{X_{cr}} v_x\right)^{\frac{5}{3}}}{b_0 \left(EI\right)^{\frac{2}{3}}} \qquad (1\text{-}1)$$

式中：m——地面以下 $2(b+1)$ m 范围内的综合 m 值；

H_{cr}、X_{cr}——单桩水平临界荷载及其对应的位移（kN、m）；

v_x——桩顶位移系数，按规范《建筑桩基技术规范》（JGJ 94—2008）（中国建筑科学研究院，2008）查表确定；

b_0——桩身计算宽度（m），对圆形桩而言，当直径 $d \leqslant 1$ m 时 $b_0 =$ 0.9（1.5d + 0.5），当直径 $d > 1$ m 时 $b_0 = 0.9(d+1)$；

EI——桩身的抗弯刚度（MPa·m⁴）。

若无条件进行现场试验，m 值可采用规范《建筑桩基技术规范》（JGJ 94—2008）（中国建筑科学研究院，2008）第 5.7.5 条的经验值取值，对于中密、密实的砾砂、碎石类土而言，单桩在地面处水平位移为 1.5 ~ 3 mm 时，m 值可取 100 ~ 300 MN/m⁴。

然而，规范《建筑桩基技术规范》（JGJ 94—2008）（中国建筑科学研究院，2008）规定的参考 m 值均适用于基础在地面处位移最大值不超过 3 mm 的情况，而诸多工程结构在受力后其位移量远超 3 mm 这个位移极限，当位移较大时应如何取值？既有的研究显示：将现有土体抗力计算理论应用到实际工程的桩基上，往往会造成很大的结果偏差，如对于级配良好砂土中的小直径桩，弯矩误差可达到 20% 到 30%，而计算的变形可达到实测值的 150% 到 200%（朱碧堂，2005）；Ashour 等（2000）认为刚性桩与土体强度的刚度差异对土体抗力存在影响。多年来，研究者们试图解决这一问题，为此开展了大量试验研究，取得了一些成功的个案，部分研究成果列于表 1-2。

表 1-2　地基土水平抗力系数的比例系数 m 值的研究成果

地基土类别	钢桩		灌注桩		文献
	m/（MN/m⁴）	y/mm	m/（MN/m⁴）	y/mm	
孟加拉中粗砂			50.5	3	张进林等（2005）
秦皇岛干砂	69.2	5.11			王璠（2007）
	52.7	5.26			
近海砂土			150 ~ 200	2	赵春风等（2013）

从表 1-2 中可以初步窥见,同类土的 m 值在多数情况下具有显著差异性,这是因为土的实际工程地质性状对 m 值大小影响起到绝对主导的作用。为了探讨土体水平抗力实际的分布情况,Prasad 等(1999)在不同密实度的干砂场地,开展了 15 组水平场地钢管桩模型试验,实测得到沿桩身的土压力,从而按照土的性质和桩的尺寸推断了土压力分布模式,如图 1-7 所示。Zhang Lianyang 等(2005),Guo Weidong(2008),Qin Hongyu 等(2014)在室内砂性土中开展桩基水平静荷载和循环荷载试验,得到的桩侧土体抗力的分布模式与 Prasad 等(1999)大体一致。为了获得桩周径向土压力的分布,上述试验进而改变了加载方向,如图 1-8 所示。孙永鑫等(2014)重现了上述试验,拟合出了表达式综合反映桩周土体对桩身径向正应力和环向剪应力的影响。章连洋(2009)提出了无黏性土中刚性桩在水平荷载下的非线性分析假设:刚性桩;变形为绕某一点的刚性转动;在推力作用下桩侧土体抗力的两个表征参量即土体极限抗力 p_u 和地基反力模量 k_h 随深度线性增加(图 1-9),前者与土体的压缩性指标有关,后者与土体强度特性有关(Terzaghi,1955;Reese et al.,1956,1974;Matlock,1980;Fleming et al.,1992;American Petroleum Institute,2001),所得出的 p-y 关系式呈非线性关系,根据桩周土是否达到屈服将刚性桩水平受荷过程分为三个阶段。

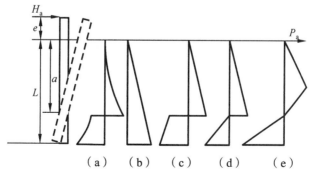

变形　(a)Brinch Hanson(1961)　(b)Broms(1964)　(c)Petrasovits 等(1972)
(d)Meyerhof 等　(e)Prasad 等(1999)

图 1-7　几种常见的刚性短桩的桩侧土体抗力分布模式

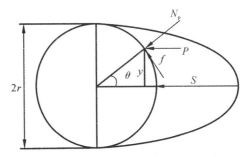

图 1-8　径向土压力计算简图

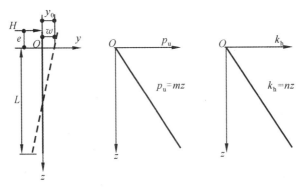

（a）刚性桩水平受力简图　（b）p_u 随深度变化　（c）k_h 随深度变化

图 1-9　土体极限抗力 p_u 和地基反力模量 k_h 与深度的关系

上述研究成果主要针对水平场地，即现有土体抗力的分布模式或计算方法源于相对均质土体、有限数量的小尺寸桩基现场试验结果，在采用任何一种土体抗力的分布模式时都将考虑假设条件与斜坡场地的土体、桩基是否一致。虽然前人已通过模型试验和理论分析等手段对土体抗力进行了估测，也提出了一些分布模式，但其准确性有赖于相关参数的取值，是否满足土体抗力实际分布情况仍未可知（并未得到实践的检验），尤其是当工程结构受地形限制而位于斜坡之上时，土体水平抗力分布和计算方法的研究需要进一步研究。

1.2.2　土性与土体水平抗力的关系

实际上，作为建筑物地基的土体主要为无黏性土和黏性土。不同性状的土体，其物理力学参数有所不同，影响着土体抗力主要的表征参量的取值，

即土体抗力系数 k_h 和土体极限抗力 p_u。研究表明它们与土体强度特性密切有关，可以认为土压力的计算本质上就是土的抗剪强度理论的一种应用。对于不同类土，土体抗力的分布规律研究尤其是土体抗力表征参数的计算通常采用理论分析、现场试验和数值模拟方法。

土体抗力系数 k_h 用来描述土体水平抗力随深度的分布，它是土体水平抗力与桩侧土体位移的比值，随土体类型和深度的变化而变化。

学者基于水平受荷桩的基本微分方程，采用弹性地基梁法求解，开展了 k_h 理论计算。Biot（1937）对无限梁在三维弹性半空间中受集中荷载的情况进行了求解，认为当弹性文克勒（Winkler）地基梁与弹性连续体两种理论假设求得的桩身最大弯矩相等时，可以推导出 k_h，表述式如式（1-2）。

$$k_h = \frac{0.95E_s}{(1-\nu^2)}\left[\frac{d^4 E_s}{(1-\nu^2)EI}\right]^{0.108} \qquad (1\text{-}2)$$

在上述假设前提下，Vesic（1961）在考虑梁受集中荷载时，增加了集中弯矩的情况，认为当弹性 Winkler 地基梁与弹性连续体两种理论假设求得的桩身转角相等时，可得到 k_h，表述式如式（1-3）。

$$k_h = \frac{0.55E_s}{(1-\nu^2)}\left[\frac{d^4 E_s}{EI}\right]^{1/2} \qquad (1\text{-}3)$$

式中：ν 为土体泊松比；EI 为桩身的抗弯刚度（MPa·m^4）；d 为桩直径（m）；E_s 为压缩模量（MPa）。

从上述表述式中可见，土体抗力的分布与土性参数关系显著。但选定的比较标准不同，将得到不同的 k_h 值。而且，弹性 Winkler 地基梁理论与弹性连续体理论只满足选定的比较标准，并不能保证土体内的应力和变形相一致。

对不同的细分土类，学者也做了诸多研究。针对无黏性土地基，Terzargi（1955）和 Reese（1974）认为土体抗力系数 k_h 为土体抗力系数比例系数 n_h 与深度 z 的乘积，n_h 可通过试验方式来获取，并分别给出了地下水位以上和地下水位以下的干燥和饱和砂土的 n_h 建议值，其中 Reese（1974）通过试验研究还发现 Terzaghi 建议的 n_h 太小，通过实测给出了修正值（图 1-10）；美国石油协会（American Petroleum Institute，2001）研究给出了 n_h 与砂土相对密度的关系（图 1-11）。API 推荐的 n_h 值是对 Terzaghi 建议值的扩展，提出了 n_h 值与无黏性土相对密度之间的变化关系。对粗粒土，从松砂到密砂，n_h 值为 $2 \sim 21 \ MN/m^2$。鉴于土体的物理力学性质尤其是土体的强度在土体不同状态下的表现差异性，后来的学者针对不同个案得出了相应的经验计算式，见表 1-3。表中结果多基于土体抗力监测结果的数据拟合而得出，因土体的相对密度不同、土体的抗剪强度不同，致使土体抗力表征指标的最终表述参数存在个案差异。总体上，土体抗力系数与桩顶位移两者呈较为严密的双曲线变化趋势。

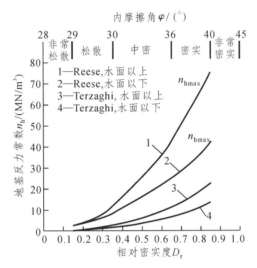

图 1-10　水平向地基反力比例系数取值

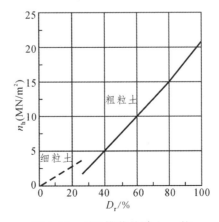

图 1-11　API 推荐的砂土 n_h 值

表 1-3　无黏性土水平抗力系数（或 k_h 或 n_h）取值建议

土性	内摩擦角	取值	说明	文献
砂土	39	$n_h = 0.992\left(\dfrac{y_0}{D}\right)^{-0.552}$	钢管桩	Mustang 岛试验结果（Reese，1974）
砂土	39	$n_h = n_{h\,max}\,0.02\left(\dfrac{y_0}{D}\right)^{-0.552}$	刚性短桩	API 曲线（2001）
砂土	45.5	$n_h = n_{h\,max}\,0.066\left(\dfrac{y_0}{D}\right)^{-0.48}$	刚性混凝土桩	Zhang（2009）
粉土（相对密度 88%）	37.4	$n_h = 0.59\left[\dfrac{y(z)}{D}\right]^{-0.497}$	钢管桩	孙永鑫等（2014）
粉土（相对密度 70%）	37.4	$n_h = 0.411\left[\dfrac{y(z)}{D}\right]^{-0.497}$	钢管桩	孙永鑫等（2014）

注：式中参数可参见相应文献。

　　土体极限抗力 p_u 是指土体所能提供的极限反力，学者多基于 p-y 曲线法进行计算。该方法在欧美国家采用较广泛，是将 Winkler 地基土模型引入水平受荷桩的分析中，假定桩顶作用水平荷载，桩将产生位移变形，设地面以下 z 深度处的桩挠度为 y，该薄层的土反力为 p。假设桩顶在水平荷载作用下，整个桩侧土体都将达到极限状态。Reese 等（1974）通过在砂土中打入 610 mm 钢管桩开展荷载试验得出了经典双曲线模式，整个 p-y 曲线由弹性、塑性、弹塑性过渡区共三段组成，参见图 1-12，当位移超过一定量值后（约 $3d/80$），土体抗力不随桩身位移的增大而增加，此时抗力达到了它的极限值（即土体极限抗力 p_u）。Reese 等（1956）、Matlock（1980）、American Petroleum Institute（2001）、

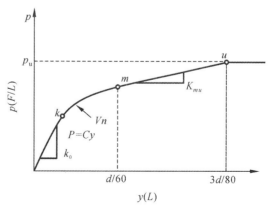

图 1-12　砂土典型 p-y 曲线

Fleming 等（1992）分别通过室内外试验得出不同状态无黏性土地基水平抗力的土体极限抗力的计算方法，统计结果见表 1-4。

表 1-4　无黏性土极限抗力表述

文献	表达式	参数说明	评述
Broms（1964）、LeBlanc et al.（2010）	$p_u = 3K_p \gamma zD$	$K_p = \tan^2\left(45° + \dfrac{\varphi}{2}\right)$	基于现场侧向受荷刚性桩试验的经验公式
Reese 等（1974）	$p_u = \gamma zD\left(K_p + K_0 K_p \tan\varphi - K_a\right)$	$K_p = \tan^2\left(45° + \dfrac{\varphi}{2}\right)$ $K_a = \tan^2\left(45° - \dfrac{\varphi}{2}\right)$ $K_0 = 1 - \sin\varphi$	理论公式＋现场侧向受荷钢管桩试验反复修正，半理论半经验公式
Matlock（1980）、API（2001）	$p_u = \gamma z\left(C_1 z + C_2 D\right)$ $p_u = C_3 \gamma zD$		基于 Reese 公式简化而得，半理论半经验公式
Barton（1982）、Fleming 等（1992）	$p_u = K_p^2 \gamma zD$	$K_p = \tan^2\left(45° + \dfrac{\varphi}{2}\right)$	基于离心机试验所得的经验公式

　　从表 1-4 中的相应研究结论可见，目前学者研究在参数计算方面取得了相对较多的进展，土体极限抗力的表达式形式基本一致，与土体强度、重度和地基深度有关，尤其是土体抗剪强度被确认为是影响抗力发挥程度的重要因素，故导致不同个案对公式的修正参数不尽相同。但仍有两个至关重要的问题悬而未决：同一类土，不同状态（如密实度等）对土体抗力的实际作用情况如何？实际的分布规律受土体强度的影响程度如何量化？上述问题仅见部分学者通过数值模拟方法进行了初步探讨。郑刚等（2009）在回填土、砂土中开展水平荷载作用下桩承载力有限元分析，得到了桩侧距桩不同距离土体的水平抗力分布等值线，如图 1-13 所示，在土层分界处有明显波动。汪杰等（2016）通过某场地刚性桩基进行水平受荷的数值模拟研究，得出水平荷载作用下桩周土抗力（平行于桩轴线方向）分布规律（图 1-14）：在水平荷载作用下，在桩前侧 0°和 45°位置的土体水平抗力沿分布曲线呈现明显的被动土压力特征。上述数值模拟结果较为初步，其适用性仍需实际工程的检验。

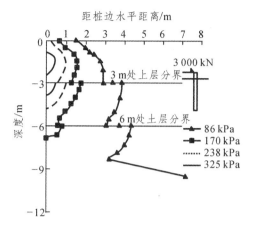

图 1-13 桩侧距桩不同距离横向土抗力分布等值线（灌注桩）

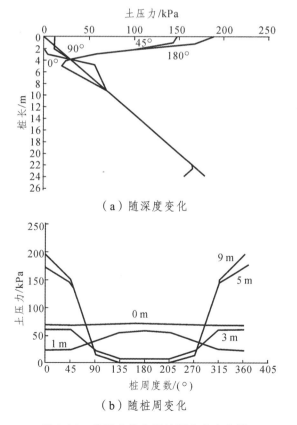

（a）随深度变化

（b）随桩周变化

图 1-14 桩周土抗力沿桩环向分布曲线

综上所述，目前对于成因和结构组成相对复杂的碎石土的研究并未见可供参考的模式，碎石土的主要成因包括坡积、冰碛及人工堆积等，因其成因不同，土体的密实度、胶结程度亦会复杂多样，从而土体强度会有较大的差异。此种情况，碎石土土体抗力的分布情况如何，其分布规律受土体强度的影响如何，需要进一步明确。

1.2.3 坡度与土体水平抗力的关系

目前对于斜坡场地土体水平抗力方面的研究相对较少。库仑土压力理论考虑了土体表面倾斜的状态，建议土体表面倾角不能大于土体内摩擦角，通过极限平衡状态求解被动土压力，其受力分析如图 1-15 所示。但是研究表明其假定的滑裂面的形式与实际不符，导致被动土压力与实际不符合，这种差异与内摩擦角呈正比关系（赵其华 等，2008）。

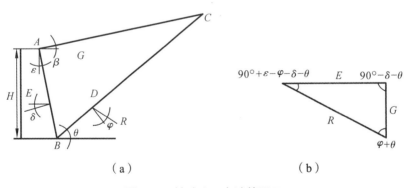

（a）　　　　　　　　　　（b）

图 1-15 被动土压力计算图示

实际上，斜坡土体抗力分布规律的研究在抗滑桩领域研究相对较多。常用的桩前土体抗力的分布模式主要依托弹性理论，结合模型试验和实测试桩结果而得。不同桩受力变形特点及土体类型的斜坡土体抗力分布函数见表1-5。

表 1-5　斜坡土体抗力分布函数（戴自航，2002）

滑坡岩土体类别	土体抗力分布函数	土体抗力示意图
砂土、散体	$p = \dfrac{(36k'-24)E'}{h_1^3}z^2 + \dfrac{(18-24k')E'}{h_1^2}z$	
介于砂土及黏土之间	$p = \dfrac{(36k'-24)E'}{h_1^3}z^2 + \dfrac{(18-24k')E'}{h_1^2}z$	

从表 1-5 中可知，抗力分布模式均基于桩后受力形式一定的假设，对处于陡坡段的工程结构基础（桩），地质条件为主要影响因素，进而改变了土体抗力分布模式，但桩受力的实际分布性状仍旧不十分清晰。斜坡场地由于坡度的存在，从上至下，土层将在一定深度范围内限制（或弱化）水平抗力发挥。学者通过室内外模型试验、三维有限元数值模拟对不同坡度土体抗力的取值提出折减系数，以此来获得桩侧极限土体抗力，见表 1-6。

表 1-6　不同土性土体水平抗力坡度折减系数研究进展

文献	土体极限抗力折减系数 ψ	说明
Poulos（1976）	0.69（坡肩处）对于 25° 坡	密实砂土斜坡的灌注桩，经验系数
Gabr 等（1990）		密实砂土斜坡的灌注桩，经验曲线

文献	土体极限抗力折减系数 ψ	说明
Boufia 等（1995）	0.62（坡肩处）对于 25°坡	密实砂土斜坡场地，经验系数
Chae 等（2004）	0.4（坡肩处）对于 30°坡	密实砂土斜坡场地，经验系数
Reese 等（2011）		收集多个试验资料得到的经验曲线

上述研究所得相似坡度具有相似的折减系数，仍仅局限于求取的是土体极限抗力的折减系数，对于土体抗力空间分布的规律性研究方面，目前仅见 Georgiadis K.等（1983，1991，2010，2012，2014）对黏性土中弹性桩通过一系列的数值模拟分析得出不同坡度、不同深度水平地基反力系数 n_h 与水平场地的比值关系，绘制了经验曲线，并与相关经验公式进行了比对。除此之外，未见其他土性相关的研究。

桩基遭受水平荷载（桩顶水平力、地震力）作用时，斜坡场地常常会遇到桩基施工后导致桩周坡度发生变化的情况（如西南输电线塔系列破坏事件），从而可能导致桩周土体的局部破坏（图 1-16）。笔者通过对水平荷载作用下桩周坡度不同对桩-土变形影响的相关数值模拟（陈继彬等，2015），得出：陡坡较缓坡场地桩身水平位移增大 3~5 倍，竖向位移增大 1~2 倍。桩身内力增幅为 10%~20%，从而造成对桩前土体推力作用增大。《公路桥涵地基与基础设计规范》（JTG 3363）（交通运输部，2019）对此建议坡

度小于 1∶20 的稳定坡，土体水平抗力的折减系数可取 1，坡度大于或等于
1∶20 的稳定坡度可取 0.5，不稳定边坡可取 0。基于此法，可以获得桩侧岩
土抗力沿桩深度方向水平地基抗力系数的比例系数（分为抗力弱化段和嵌固
段）。赵明华等（2012）认为基桩所受地基反力仅由基桩单侧 nd（此处，d
为桩径）范围内的岩土体提供，如图 1-17 所示。赵明华等（2012）在结合工
程经验的基础上，建议 n 取 3 ~ 5。廖景高（2014）、吴浩（2015）、丁梓涵等
（2016）、喻豪俊（2016）对碎石土斜坡开展了一系列的室内模型试验，通过
对不同坡度水平受荷桩的研究获得了斜坡坡度对土体抗力的折减系数，但得
出的结论较为初步，亦未在工程实践中得到有效印证。

图 1-16　桩周局部破坏示意图

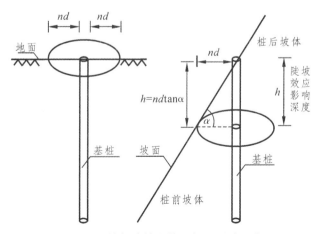

图 1-17　平地与陡坡上桩土相互影响示意图

碎石土斜坡土体水平抗力分布规律研究

综上所述，斜坡场地中水平抗力分布的研究成果仍比较分散。学者通过模型试验、数值模拟对 p-y 曲线的相关参数计算进行了修正，提出了基于考虑坡度修正的参数来获得桩侧土体极限抗力和土体位移的关系，并探讨了斜坡坡度和斜坡到桩的距离对土体抗力的影响，主要目的是获得结构和斜坡距离的安全区。斜坡土体抗力分布的研究刚刚起步，人们认识到其与水平场地的差异，仅仅提出一定的修正系数进行考虑，鲜见涉及其分布和计算方面的研究。

1.2.4 存在的问题

半个世纪以来，桩-土相互作用方面的研究有较多有意义的研究成果，但由于岩土体结构复杂、土体抗力受控因素繁杂等，仍存在以下问题：

（1）现有土体抗力的分布模式或计算方法均是基于相对均质土体、有限数量的小尺寸桩基现场试验结果，在采用任何一种土体抗力的分布模式进行工程设计和分析时都将考虑假设条件与斜坡场地的土体、桩基是否一致。

（2）对于成因和结构组成相对复杂的碎石土的研究并未见可供参考的有益成果。碎石土的主要成因包括坡积、冰碛及人工堆积等，成因不同导致土体的密实度、胶结程度变化范围广，从而造成土体抗剪强度存在较为显著的差异。在此种情况下，碎石土土体抗力的分布的情况如何，其分布规律受土体强度的影响如何，需要进一步明确。

（3）斜坡坡度不同，水平抗力的大小差异明显。实际上，斜坡土体水平抗力的分布模式与假定的地基反力模量等参数密切相关，问题是，水平抗力系数（如 k、m 值等）只是一个假设，且并不容易准确获得，人们认识到其与水平场地的规律明显不同，基于斜坡工程结构的个案仅提出一定的折减进行考虑，是否满足土体抗力实际分布情况仍未可知。显然，实用土压力需要随工程实践的不断积累而完善和修正，尤其是对于斜坡场地，水平抗力系数的研究是基于弹性地基梁的半无限空间体假设，已有研究均基于水平场地，就斜坡场地如何正确地确定土体极限抗力和水平抗力系数，尚缺乏充分的资料。

（4）在斜坡上或邻近斜坡顶部设置工程结构（桩基础），桩基础受桩顶水平荷载作用会对桩周围土体产生水平挤压作用，此时，桩侧受压土体将产生一定的反作用力而阻止桩基础进一步的变形，该反作用力则为土体的水平抗力。土体从静止状态到被动破坏状态的中间过程中土压力如何变化，其分布特点对结构的安全和稳定是如何影响的是目前研究中亟待解决的问题。

1.3　研究内容

西南地区斜坡场地约占陆地面积的 90%，其中碎石土斜坡因其颗粒组成及成因多样导致其土体物理力学特性多变，在斜坡上或邻近斜坡顶部设置工程结构（桩基础）时，斜坡-结构-岩土体系相互作用关系未得到正确探识，阻碍了斜坡土体稳定性评价的科学性向着利好的方向发展。故本书主要研究三个方面内容：同坡度不同性状碎石土水平抗力分布规律、同土性不同坡度碎石土水平抗力分布规律、碎石土斜坡土体水平抗力分布模式及极限抗力计算方法。具体内容如下：

1. 同坡度不同性状碎石土水平抗力分布规律研究

基于西南地区地形地貌特点、碎石土成因特征，对不同性状碎石土（不同密实度、不同胶结程度）模型进行抽取，获得西南地区碎石土斜坡概化试验模型；在此基础上，分别改变土体密实度、胶结程度，埋入试验桩后开展水平静荷载试验对桩的变形、桩前土压力进行测试，划分桩-土的应力-应变变化阶段，分析在桩-土变形的不同应力-应变阶段下土体抗力的分布规律。

2. 同土性不同坡度碎石土水平抗力分布规律研究

以水平抗力的现场试验为切入点探讨斜坡桩基在水平受荷时土体水平抗力的变化，然后基于相似理论开展不同斜坡坡度（0°、15°、30°、45°）下的室内物理模拟试验；协同分析原位试验、室内试验所测得桩身变形、桩前土压力等数据，以获得不同坡度下土体水平抗力随深度、位移的分布特征及坡度对土体水平抗力表征参数的影响。

3. 碎石土斜坡土体水平抗力分布模式及极限抗力计算方法研究

在全面掌握土体抗力分布规律的基础上，通过效应叠加、数值模拟等方法获得考虑桩-土不同应力-应变阶段的土体抗力分布模式；然后，通过二维地质力学试验平台开展无结构刚度效应的平板荷载室内模型试验，模拟土体直接受水平荷载作用发生变形破坏的全过程，分析土体抗力-位移-深度的相关关系；综合被动土压力理论和地基土体-荷载相互作用关系，对比水平场地、斜坡场地条件下土体极限抗力、水平抗力系数的差异，提出碎石土地基水平极限抗力表达式，并验证其工程适用性。

第 2 章

碎石土斜坡土体水平抗力试验设计

2.1 试验模型选取原则

西南地区地形地貌错综复杂，山地、丘陵居多，交通桥梁、水电、市政等工程大多需要穿越崇山峻岭，基础（桩）所处地形陡峻，坡度多在 30°左右，如图 2-1 所示。在众多斜坡场地中，碎石土类斜坡较为常见，厚度厚、成因复杂，主要成因有坡积、冰碛、泥石流堆积等（图 2-2），其颗粒组成和结构状态多样，物理力学性质随着成因类型、胶结程度的不同差异相对较大。

| 桥梁基础 | 输电线塔基础 |

图 2-1 穿越斜坡场地的工程示例（桩）

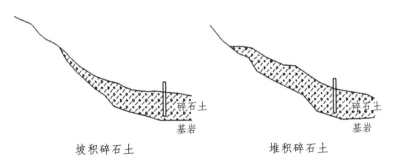

坡积碎石土　　　　　　　　堆积碎石土

图 2-2 不同成因碎石土斜坡场地示意图

此类斜坡场地遇到较厚覆盖层（＞3 m）的地基时，工程实际中通常使用具有适应性强、承载力高等优点的桩基础。桩基础特别适用于山区陡坡地形的施工条件。另外，从实际情况看，以西南山区输电塔基础为例，90%以上采用人工挖孔桩基础，塔位所在处地形陡峻，坡度多在 30°以上，其桩基截面尺寸约为 0.8～1.2 m，桩长 8～10 m，以方桩或圆桩为主。

故而现场试验的场地选择、试验桩的设计均考虑了西南地区碎石土斜坡场地的特点，场地的斜坡坡度在 30°左右，桩基截面尺寸为 1 m×1 m，桩长为 10 m，桩身材料为 C25 混凝土。基于上述，抽取的室内物理模拟试验参照原型宜考虑为：

（1）试验原型的土体分别考虑不同密实度、不同胶结程度的碎石土。

（2）原型桩基截面尺寸为 1 m×1 m，桩长为 10 m，桩身材料为 C25 混凝土。

（3）斜坡坡度以实际坡度（主要为 0°和 30°）为主。

本章后续分别对同土性不同坡度碎石土模型试验、同坡度不同土性碎石土模型试验设计进行说明。

2.2　同土性不同坡度碎石土模型试验设计

2.2.1　现场试验设计

2.2.1.1　试验场地地形地貌特征

考虑斜坡坡度的碎石土斜坡水平静荷载试验场地位于四川省理县薛城镇四马村左岸的一处高陡斜坡上，地表植被繁盛，以灌木为主，植物根系发达。地理坐标为东经 103°12′36″，北纬 31°36′36″，坡面海拔在 1 700～1 900 m 之间，整体坡度在 30°左右。场地地形地貌如图 2-3 所示。

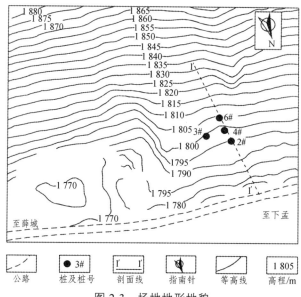

图 2-3　场地地形地貌

2.2.1.2 地层岩性及土体物理力学性质

1. 地层岩性

据调查，试验场地的地层结构相对简单，覆盖层以第四系松散坡积物（Q_4^{col+dl}）碎石土为主，层厚在 3~15 m 之间，试桩处的层厚均大于 10 m，超过桩身场地（图 2-4）。土体为稍密~中密，粒径一般为 3~8 cm，最大粒径可达 50 cm，中等粒径达 20 cm，棱角状，磨圆度差，分选性差，块石之间充填少量黏性土及砂砾，地层岩性参见图 2-5。

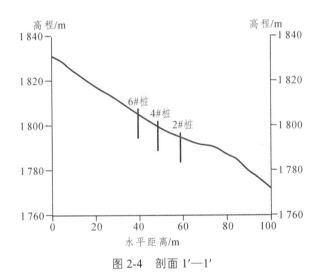

图 2-4　剖面 1′—1′

（a）表层土　　　　　　　　　　　（b）剖面

图 2-5　试验场地碎石土

2. 土体物理力学性质

为了获取试验场地碎石土和基岩的物理力学参数，依据试验标准《土工试验方法标准》（GB/T 50123）（住房和城乡建设部，2019）对试验场地土样进行了原位及室内物理力学试验。室内试验在成都理工大学地质灾害防治与地质环境保护国家重点实验室进行（赵其华等，2015），测试土体密度、含水率、级配及其抗剪强度。试验测试结果如下：

（1）密度。

通过灌水法测碎石土密度。试桩处分别开挖试坑 3 个，尺寸为：70 cm（长）× 70 cm（宽）× 80 cm（深）、50 cm × 50 cm × 80 cm、70 cm × 70 cm × 80 cm，如图 2-6 所示。

（a）灌水前

（b）灌水后

图 2-6　碎石土密度试验

结果见表 2-1。

表 2-1 土体密度测试结果

编号	土体质量/kg	灌水质量/kg	试坑体积/m³	土体密度/（kg/m³）	平均密度/（kg/m³）
1	676.62	290.24	0.290 2	2 331	
2	388.90	168.84	0.168 8	2 303	2 273
3	481.20	220.22	0.220 2	2 185	

（2）含水率。

用烘干法测试含水率，所取土样为 2 组，结果见表 2-2，土样的平均含水率为 5.3%。

表 2-2 土体含水率测试结果

编号	湿土质量/kg	干土质量/kg	含水率/%	平均含水率/%
1	5	4.744	5.4	5.3
2	5	4.753	5.2	

（3）粒径级配。

用筛分法测试粒径级配。称取土样 5 kg 进行筛分，粒径级配曲线如图 2-7 所示。不均匀系数（13.8）＞5，曲率系数（1.53）在 1 至 3 之间，碎石土颗粒级配良好。

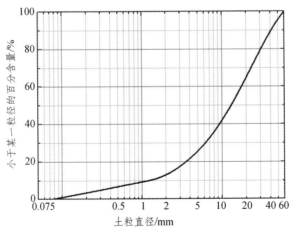

图 2-7 碎石土的粒径级配曲线

（4）剪切强度。

取 3 组土样进行天然状态碎石土三轴剪切试验，以测定碎石土抗剪强度参数 c 值、φ 值。试验前后土样如图 2-8 所示。

三轴剪切试验仪　　　　　试验前试样　　　　　试验后试样

图 2-8　天然状态碎石土三轴剪切试验（以 0.1 MPa 围压下试验为例）

具体步骤为：在高为 600 mm、直径为 300 mm 的剪切筒中将碎石土土样（土量按密度 2.2 g/cm³ 计算）放入，分层夯实。分三级施加围压，分别为 0.1 MPa、0.2 MPa、0.3 MPa，试验过程中保持位移监测控制轴向加载速度不变，速率为 1.5 mm/min，当轴向位移达到 120 mm 时即可停止试验。

绘制主应力差与轴向应变关系曲线（图 2-9），破坏点为图 2-9 中峰值点，进一步作出抗剪强度-垂直荷载关系曲线（图 2-10），根据公式 $\tau_f = c + \sigma \tan\varphi$，拟合得出试验现场碎石土 $c = 10$ kPa，$\varphi = 45.57°$。

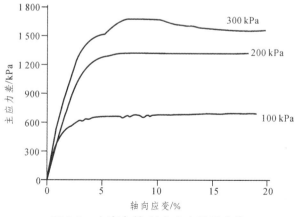

图 2-9　主应力差-轴向应变关系曲线

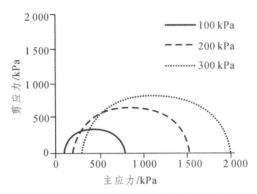

图 2-10 抗剪强度-垂直荷载关系曲线

根据上述碎石土物理力学性质测试结果，获得的物理力学参数统一列入表 2-3。

表 2-3 试验场地碎石土物理力学参数

重度 γ / (kN/m^3)	不均匀系数 C_u	曲率系数 C_c	内聚力 c/kPa	内摩擦角 φ / (°)	含水率 $w/\%$	最优含水率 $w/\%$
22	12	1.3	10	45.57	5.3	6.4

2.2.1.3 试验桩及桩周微地貌特征

现场试验桩为圆桩，桩身混凝土等级为 C25 [配合比（质量比）：水：水泥：机制砂：碎石：粉煤灰：减水剂为 0.62 : 1 : 2.95 : 3.53 : 0.19 : 0.017]，桩身主筋和箍筋分别为 HRB400 和 HPB300 级，配筋为 28 mm(30 根)、8 mm（ 按间距 200 mm 布设 ），加密区间距为 100 mm。试桩的成孔、灌注施工以及试验方案严格按照现行《建筑地基基础设计规范》（ GB 50007 ）（住房和城乡建设部，2011)、《建筑桩基技术规范》（ JGJ 94)（中国建筑科学研究院，2008)、《建筑基桩检测技术规范》（ JGJ 106)（中国建筑科学研究院，2014 ）等的规定执行。桩基础开挖过程中分段护壁，护壁高为 1.0 m，护壁间距为 10 cm。试桩情况详见表 2-4。

表 2-4　桩基础概况一览

桩号	桩位坡度 /(°)	桩长/m	桩入土深度 /m	嵌入基岩深度 /m	抗压强度 /MPa	密度 /(g/cm³)
2	33	10.5	10	0	25.6	2.5
3	12	10.2	9.67	0	25.46	2.5
4	13	10	9.4	0	25.65	2.5
6	32	10.5	10	0	24.9	2.5

　　每根桩基因其桩位不同，桩周微地貌有一定差异，其桩周微地貌见表 2-5，对埋设基础（桩）后的桩周情况进行了描述性说明。从现场布桩的情况来说，桩与桩之间距离大于 6 m，试验中认为可以忽略群桩效应。

表 2-5　桩基础埋设情况及桩周情况说明

桩号	情况说明
2#	桩前为一缓坡平台，平台宽约 2.5 m，高为 1.7 m。碎石土中密，粒径大小约为 1～3 cm，坡上无植被覆盖。桩基础开挖时，分别在埋深 1.3 m 的右侧和埋深 3.0 m 的左侧处遇到块石，块石粒径约 25～30 cm
3#	桩前坡度较缓。碎石土稍密，粒径大小约为 1～5 cm，并存在少许直径为 20～25 cm 的大块石。桩基础开挖时，分别在埋深 2.0 m 右侧和埋深 3.0 m、7.5 m 左侧处遇到块石，块石粒径约 25～40 cm
4#	桩前坡度较缓，碎石土稍密，粒径大小约为 1.5～5 cm。桩基础开挖时，分别在埋深 7.5 m、9.5 m 右侧遇到块石，块石粒径分别约为 25 cm、90 cm
6#	碎石土粒径约为 2～7 cm，并伴有 10～18 cm 粒径不等的块石存在。桩基础开挖时，在埋深 4.0 m 左侧遇到块石，块石粒径约为 35 cm

2.2.1.4　监测元件布设

1. 试验装置及量测设备

斜坡桩基水平静荷载试验的试验设备由反力墙、千斤顶、量测装置组成。混凝土反力墙（C25）长、宽、高分别为 4 m、1 m 和 3 m。通过固定在反力墙上的最大输出力为 100 MPa（200 t）、最长伸出量为 200 mm、精度为 0.5 MPa 的千斤顶对桩头施加水平荷载，并采用 0.4 级精密压力表进行加压。同时，为了防止桩身荷载作用点处局部挤压破坏，桩身施加荷载位置固定 3~4 块 10 mm 厚钢块对荷载作用点处进行局部加强。在监测设备中装有传感器记录加载产生的力和位移。

2. 监测元件及布设情况

试验主要目的是研究斜坡桩基础在水平荷载作用时，桩及桩周土体的变形及桩前土体抗力。所以量测加载过程中监测重点为斜坡桩基桩身水平位移、桩侧土体抗力，故采用测斜管量测桩身位移、钢筋应力计测桩身弯矩、土压力盒量测桩侧土体抗力，同时拍摄照片、手绘记录桩周土体的变形破坏情况。

埋设方案如图 2-11（a）所示。加载及数据接收装置如图 2-11（b）、（c）所示。

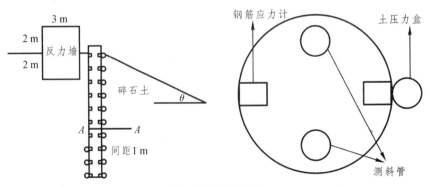

（a）监测元件布设

（b）现场监测示意图　　　　　　　（c）读数仪

图 2-11　埋设方案和加载及数据接收装置

（1）测斜管。

测斜管共 2 个，布设在桩身受力面垂直面的两侧，基本处于桩中性面上，绑扎在钢筋笼上随钢筋笼一起埋设。埋设位置如图 2-11（a）所示，外径为 7 cm，内径为 6 cm。

（2）钢筋应力计。

桩前、后间距 1 m 布设一只。

桩成孔之后，将测试断面上的 2 根钢筋计对称绑扎于桩身两侧对应的主筋之上，下放钢筋笼时有钢筋计的一侧与加载方向一致。钢筋计布设如图 2-12 所示。

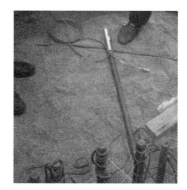

图 2-12　钢筋计布设

（3）土压力盒。

桩前间距 1 cm 左右［图 2-11（a）］，桩后从桩底向上每隔 1 m 布设 1 只土压力盒（埋设 3 只）。

护壁施工结束后在预定埋设位置掏孔来埋设土压力盒（型号为 ZX-506CT，量程为 0.6 MPa/1.5 MPa，直径为 120 mm），孔径略大于土压力盒直径，孔深至护壁后的碎石土层，并将孔洞清理干净；为防止土压力盒受力不均或块石棱角损坏土压力盒，埋设前，预先在孔洞四壁涂抹一定厚度黄泥，同时将土压力盒置于填满细砂的布袋中，置入土压力盒后，再用黄泥填塞孔隙，如图 2-13 所示。土压力盒埋设完成后进行钢筋笼绑扎等后续工序的施工。

图 2-13　土压力盒埋设

3. 加载及停载标准

现场试验在距离桩顶 30 cm 位置加载，采用单向慢速维持加载法。加载历程可人为控制并可按照需要加以改变，可随时停止试验以便观察试验对象的变形行为。加载等级根据《建筑地基基础设计规范》（GB 50007—2011）（住房和城乡建设部，2011）附录 S 的相关内容，确定每一级加载等级为预估地基极限荷载的 1/10 ~ 1/15。

在加载中，每级荷载维持 1.5 ~ 2.5 h，加载后每间隔 5 min、10 min、15 min、15 min、15 min、30 min（此后每间隔 30 min 测读）分别对桩顶百分表进行读数。在下一级荷载加载前 30 min 测读测斜管、钢筋计、土压力盒数据，以每一小时内的桩顶位移变化量不超过 0.1 mm 为稳定标准。

当出现以下情况时，可终止加载：桩身断裂；桩前土体失稳破坏；桩顶位移超过 100 mm。

2.2.1.5　试验数据整理方法

1. 桩周土体变形

在试验过程中对每级荷载下的桩周土体变形，如裂缝的发展过程（扩展方向，长、宽、深等几何表征量）等利用测量、拍照等手段进行记录和说明。

2. 桩顶位移

在试验加载前记录桩顶百分表初值，在每级加载后，每隔一定时间记录桩顶百分表数据。试验结束后可进行累计位移换算，位移计算见式（2-1）～式（2-3）。

$$y_{上表平均值} = \left(y_{左侧上表} + y_{中间上表} + y_{右侧上表} \right)/3 \qquad (2\text{-}1)$$

$$y_{位移差} = y_{(i+1)\,时间} - y_{i\,时间} \qquad (2\text{-}2)$$

$$y_{累计位移} = y_{i\,时间位移差} + y_{(i+1)\,时间位移差} \qquad (2\text{-}3)$$

3. 桩身位移

在试验加载前采集测斜管初值，在每级加载后，每隔一定时间采集测斜管数据。按照测斜管工作原理，每段水平位移增量为：

$$\Delta i = L\sin\theta_i \qquad (2\text{-}4)$$

式中：L 为探头轮距，一般为 0.5 m；θ_i 为某一深度倾斜角（°）。

位移增量的总和为：

$$S_n = \sum_{i=1}^{n} L\sin\theta_i \qquad (2\text{-}5)$$

根据以上测得的桩身位移，平均两根测斜管的数据，绘制各级荷载下桩身位移随深度的关系曲线。

4. 桩身弯矩

根据钢筋应力计监测数据，按式（2-6）计算桩身弯矩 M：

$$M = \frac{EI \cdot \left(\varepsilon_+ - \varepsilon_- \right)}{b_0} = \frac{I \cdot \left(\sigma_+ - \sigma_- \right)}{b_0} \qquad (2\text{-}6)$$

式中：E 为桩身弹性模量（N/m^2）；I 为桩身截面惯性矩（m^4）；σ_+为桩身测点的拉应力、σ_-为桩身测点的压应力；b_0 为 σ_+ 和 σ_- 的间距（m）。

5. 桩侧土体抗力

在试验加载前采集土压力盒初值，在每级加载后，每隔一定时间采集土压力盒数据。

$$土压力变化值 = 两次测量的差值 \times 土压力盒标定系数$$

根据以上测得的桩前、后土压力的变化值，绘制各级荷载下土压力变化值随深度的关系曲线。

2.2.2　室内物理模拟试验设计

2.2.2.1　模型方案设计

试验相似比根据原型桩尺寸以及室内试验模型试验台尺寸进行确定和设计。原型桩桩径为 1 m，桩长为 10 m，室内物理模拟试验台长宽高分别为 3 m、2 m、1 m，同时兼顾试验加载设备等其他外在因素，确定试验中模型桩与原型桩几何相似比为 1 : 10（这里的相似是指长、宽、高的相似）。故而，桩基础及坡体模型尺寸分别为：

（1）桩模型尺寸：通过相似比换算后，模型桩的尺寸见表 2-6。同时，需要明确的是：模型桩所用材料与原型桩一致。

表 2-6　桩模型参数的相似比

相似系数	相似比系数	模型桩尺寸
桩宽	$C_D = D_H/D_M = 10$	0.1 m
桩长	$C_L = L_H/L_M = 10$	1 m
截面面积	$C_A = D_H^2/D_M^2 = 100$	0.01 m²
截面惯性矩	$C_I = D_H^4/D_M^4 = 10\,000$	1.56×10^{-5} m⁴

注：C_D、C_L、C_A、C_I 分别为桩宽、桩长、截面面积、截面惯性矩的相似比系数；D_H、L_H 为原型桩桩宽、桩长；D_M、L_M 为模型桩桩宽、桩长。

（2）坡体材料：试验用土以现场试验场地碎石土为主，采集野外场地碎石土到室内进行制备，配制完成后测试其密度、含水率、级配、黏聚力、内摩擦角。

（3）试验整体模型尺寸：模型桩截面尺寸为 0.1 m×0.1 m、桩长为 1 m（由于试验加载设备条件限制，试桩截面与原型桩略有不同，采用方桩进行模拟；同时，设计中考虑了桩基础桩长相似、桩径相似、刚度相似，故而忽略了桩截面形式的影响），以满足边界约束条件的需求，确定桩下坡方向土体长度取 9 倍桩截面宽度，桩后土体取 5 倍桩截面宽度，桩左右两侧分别取 4.5 倍桩截面宽度，故所搭建的模型长、宽、高分别为 1.5 m、1.0 m、1.3 m。

室内物理模拟试验设计同一性状不同坡度碎石土 4 组。其试验方案见表 2-7。拟建模型的平、剖面图如图 2-14 所示。

表 2-7　不同坡度斜坡试验方案（4 个模型）

编号	边坡土类型类	斜坡坡度 θ/（°）	桩体
1		0	
2	碎石土	15	C30 混凝土，方形桩，截面尺寸为 0.1 m× 0.1 m，桩长为 1 m
3		30	
4		45	

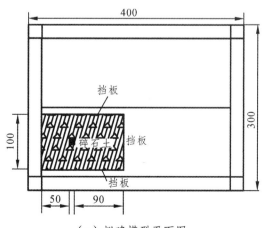

（a）拟建模型平面图

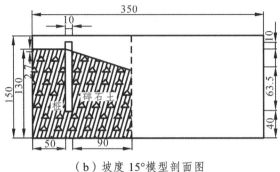

（b）坡度 15°模型剖面图

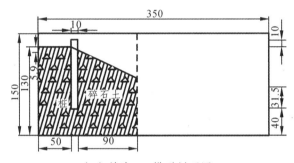

（c）坡度 30°模型剖面图

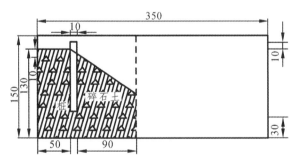

（d）坡度 45°模型剖面图

图 2-14　拟建模型平面图与剖面图（单位：cm）

2.2.2.2　桩模型

根据第 2.2.2.1 节确定的模型桩截面尺寸为 0.1 m×0.1 m，桩长为 1 m，桩体混凝土等级为 C25。模型桩制作步骤为：

1. 桩体材料及配筋

参考《混凝土结构设计规范》（GB 50010—2010）（2015 年版）（住房和城乡建设部，2011）确定水泥砂浆的配比（质量比）为水泥（42.5R）∶砂∶水 = 1∶1.76∶0.32，并添加 MZS 早强（2%的水泥用量）减水剂加速凝结。

主筋和箍筋直径分别为 6 mm 和 2 mm，主筋用量为 4 根，箍筋布设间距为 10 cm，如图 2-15 所示。

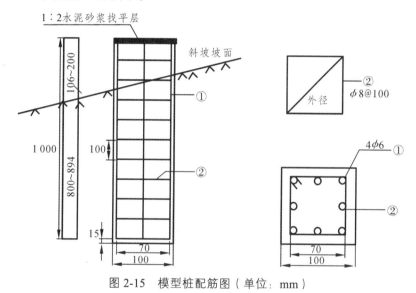

图 2-15　模型桩配筋图（单位：mm）

2. 桩身制作与养护

室内模型试验拟进行 4 次模型堆积及加载，相应地需制作 4 根模型桩。桩制作步骤如图 2-16 所示：

（1）用木板制作一个净长 1 m、净宽 0.1 m、高 0.1 m 的长方形槽。

（2）在槽中浇筑混凝土成桩。在制作混凝土桩时，制作截面宽度为 70 mm、长 970 mm 的钢筋笼，主筋与箍筋交接处采用铁丝绑扎连接。在浇筑过程中，先浇筑 15 mm 厚的保护层，然后将钢筋笼放入长方形槽中，随后继续浇筑混凝土，然后捣实，防止型桩内产生孔洞。

（3）浇筑完成后，置于常温下养护 28 d，以达到桩身强度使用要求，整个过程按照规范操作。

铁丝笼的制作　　　浇筑模板　　　钢筋混凝土桩制作　钢筋混凝土桩养护成形

图 2-16　模型桩制作过程

3. 相关参数测定

（1）桩刚弹性判断：根据 Poulus 等（1980）建议的桩-土相对刚度判定方法（$k_s = \dfrac{E_p I_p}{E L'^4}$）确定试验中试桩为刚性桩（$k_s = 0.007 > 0.01$）。其中：$E_p I_p$ 为桩的抗弯刚度；E 为土的弹性模量；L' 为桩的埋入深度。

（2）混凝土单轴抗压强度：利用制作模型桩的水泥混凝土配比制作 10 cm × 10 cm × 10 cm 的试样，在标准养护下养护 28 d。测试试块的单轴抗压强度，结果见表 2-8。

表 2-8　试块单轴抗压强度

试块编号	试块质量/g	试块密度/（g/cm³）	弹性模量/MPa	单轴抗压强度/MPa
1	2.140	2.14	27.83	49.00
2	2.200	2.20	28.29	32.53
3	2.200	2.20	28.29	32.53
4	2.230	2.23	29.52	54.04

2.2.2.3　坡体模型

通过相似关系确定土体模型相对困难，本试验中坡体土样主要材料为块石、碎石，细粒土为黏性土，采用部分现场碎石土和重塑土相结合的方式进行制备，配制成接近现场土样的物理力学参数，以保证试验成果的可信度。制作重塑土时，为了解现场土体的颗粒大小组成，称取 2 000～5 000 g 土样进行土体筛分试验，获得试验土体的粒径级配曲线（图 2-7），取现场天然碎石土天然级配的平均值，用等量替代法将超粒径（>60 mm）的土粒用 5～60 mm 的颗粒替代，<5 mm 的按天然级配值进行配比，得到试验用的替代级配。按照替代级配将实验室已有的碎石和黏性土进行配比设计，为了使含碎石土能够达到最佳密实状态，在土体中加入 2.7%的水（因为通过试验测得此次模拟试验所用的含碎石土的最优含水率为 9%，而土体的含水率为 6.3%），进行搅拌，获得重塑土样，然后将土样拌匀。进而对土体其他物理力学参数进行测试，测试手段如 2.2.1.2 节所述，结果见表 2-9。

表 2-9　碎石土物理力学参数

土性	物理力学参数		试验曲线
碎石土	γ/（kg/m³）	22.7	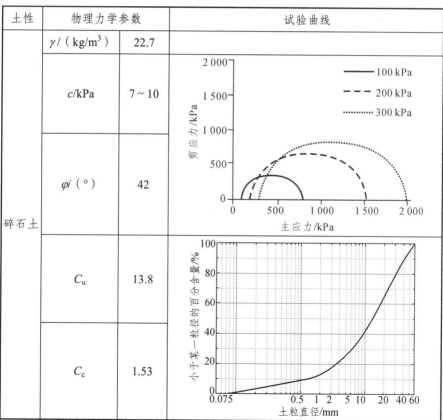
	c/kPa	7～10	
	φ/（°）	42	
	C_u	13.8	
	C_c	1.53	

2.2.2.4 试验模型安装

1. 模型槽搭建

物理模拟试验在三维地质模拟实验室进行（图 2-17），试验台尺寸长×宽×高为 3 m×2 m×1.5 m。为满足边界约束条件的需求，确定桩下坡方向土体长度取 9 倍桩截面宽度，桩后土体取 5 倍桩截面宽度，桩左右两侧分别取 4.5 倍桩截面宽度，故而所搭建模型的尺寸为 1.5 m×1 m×1.3 m。模型后侧、右侧、左侧先用厚 3 cm 的木板围挡，前端用砖块进行搭砌，然后进行模型安装，如图 2-18 所示。

图 2-17　三维物理模拟加载系统　　　　图 2-18　模型围挡

2. 试验模型安装

试验模型的安装分为土的堆填及桩的埋设。

（1）预先在模型槽内画好分层标尺线，分层夯实填土至预定的密实度，土压力盒在此过程中埋设。填土时以场地边界刻度线为准，用填土工具铺平填土，每层厚 10 cm。

首先用铁锹均匀铺平，将 25 kg 水泥块提起后坠落夯压土体，夯实次数不少于 3 遍，局部细微之处，用小木槌敲击夯实，如果遇到需要避让的桩或土体内部测量仪，向未振实方向进行，如图 2-19 所示。第 1 遍夯实之后，需再次整平土面，之后进行下一次夯实，保证压实度在最大压实度的 98% 以上。

图 2-19　土样填筑过程

（2）在土体填筑至预先确定的桩身底部高度时，将模型桩固定在指定位置，并注意检查桩身的垂直度是否满足要求，然后继续铺土压实至预定标高。待模型搭建完成后，统一刷坡至预定坡度。

搭建完成的模型图如图 2-20 所示。

（a）15°坡　　　　　　　　　　　　　（b）30°坡

（c）45°坡

图 2-20　试验场地模型

2.2.2.5　监测元件布设

1. 监测元件的埋设

监测系统包括测量元件和数据采集系统。测量元件为位移百分表、应变片和土压力盒，应变、土压力数据采集系统为应力-应变采集仪。

位移百分表：2 只，分别安放在桩顶和桩顶下 10 cm 处（图 2-21）。通过两只百分表读数测量模型桩桩顶附近位移。

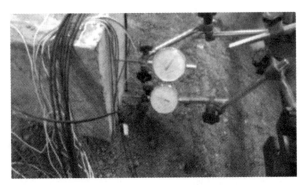

图 2-21　百分表布置示意图

5 mm×3 mm 胶基泊式应变片：在桩身前后泥面以下每间隔 15 cm 布置应变片，总共布置 6×2 个，如图 2-22 所示。

首先用砂纸将桩身打磨光滑，并用酒精擦拭干净，待酒精蒸发后开始粘贴应变片。采用 502 胶水粘贴，连接导线直径为 1.0 mm，用一般纸胶将应变片部分覆盖，再用绝缘胶将其封住，然后将 AB 胶（CH-31）均匀涂抹，保证应变片绝缘、防潮，最后粘贴防水胶带。粘好后，静置 24 h，等待胶水凝固。

土压力盒：在桩前布设，从桩顶 10 cm 向下布设，间距为 15 cm、10 cm、10 cm、15 cm、15 cm，共 5 个，其深度近似与桩身应变片深度相同。同时，在桩后从桩底向上间隔 10 cm、15 cm 布设 3 个。

桩前土压力采用 XY-TY02A 电阻式土压力盒进行测量，直径为 20 mm，厚为 11 mm，量程为 2 MPa，分辨率≤0.05% FS（满量程），温度测量范围为 −25 ~ +60 ℃，温度测量精度为 0.5 ℃。在土压力盒埋设过程中，受力面前后铺设少量的石英砂，保证其受力均匀，如图 2-23 所示。

图 2-22　桩身应变片布置图　　　　图 2-23　桩侧土压力盒布置图

填筑到预设埋置高度后，挖一大小适中的土坑，然后埋设土压力盒，并再松铺一层土。

土压力盒埋设完成后，以医用胶布为压力盒编号。

监测元件最终埋设后的示意图如图 2-24。

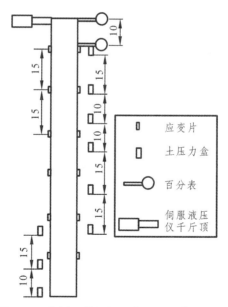

图 2-24　监测元件埋设示意图（单位：cm）

2. 加载系统

加载装置为高精度静态伺服液压机，其上有加载千斤顶，采用三维地质力学模拟试验加载系统框架作为反力架，如图 2-25、图 2-26 所示。

采用慢速维持荷载法加载。试验荷载增量为 100 N。荷载每次施加后，静待数据稳定后读取监测数据，直到桩前土体破坏为止。

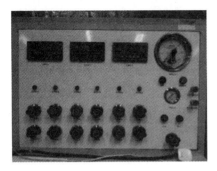

图 2-25　伺服液压仪　　　　　　　　图 2-26　液压千斤顶

3. 加载及停载标准

室内模型试验在泥面处加载，采用慢速维持荷载法。每级荷载的增量为 0.3 kN，每次施加荷载静止 5 min，待百分表读数稳定后方可施加下级荷载，直至出现下列情况之一时，停止加载：桩顶断裂；桩前地表出现明显裂缝或隆起；桩顶位移超过 40 mm。

4. 数据处理

（1）桩周土体变形：在试验过程中对每级荷载下的桩周土体变形，如裂缝的方位、长度、宽度、发展过程等进行测量、拍照及手绘素描图，并对桩前土体塌落、桩身裂纹等异常现象进行记录和说明。

（2）桩顶位移：位移计算见式（2-1）~ 式（2-3）。

（3）桩身弯矩：根据钢筋应力计监测数据，按式（2-4）计算桩身弯矩。

（4）桩侧土体抗力：在试验加载前采集土压力盒初值，在每级加载后，每隔一定时间采集土压力盒数据。

各埋深土压力值 P 的大小通过监测获得的各级荷载下桩侧土压力盒的应变量 $\mu\xi$，根据公式（2-7）计算得到：

$$P = \mu\xi \times K \qquad\qquad (2-7)$$

其中：P 为土压力值（kPa）；$\mu\xi$ 为应变量；K 为率定系数，取 0.43。

2.3 同坡度不同土性碎石土模型试验设计

2.3.1 模型方案设计

如第 2.1 节所述，碎石土斜坡的主要成因包括坡积、冰碛等，其颗粒组成和结构状态的不同决定着土体物理力学性质的差异，即成因不同，土体密实度、胶结程度也大不相同。鉴于碎石土可能的发育情况造成的碎石土土体强度上的不同，本书针对同一坡度不同密实度碎石土、同一坡度不同胶结程度碎石土斜坡开展室内物理模拟试验。

试验原型以西南地区常见的斜坡类型以及土类为主，场地的斜坡坡度在 30° 左右，桩基截面尺寸为 1 m×1 m，桩长为 10 m，桩身材料为 C25 混凝土。基于上述，抽取的室内物理模拟试验参照原型宜考虑为：

（1）试验原型的土体分别考虑不同密实度、不同胶结程度的碎石土。

（2）桩基截面尺寸为 1 m×1 m，桩长为 10 m，桩身材料为 C25 混凝土。

（3）斜坡坡度以实际坡度（主要为 0° 和 30°）为主。

考虑不同性状碎石土室内物理模拟试验的试验方案见表 2-10、表 2-11。

表 2-10 不同土体密实度试验方案（3 个模型）

编号	边坡土类型		斜坡坡度 $\theta/$（°）	桩体
5	碎石土密实度	15%	0	C30 混凝土，方形桩，截面尺寸为 0.1 m×0.1 m，桩长为 1 m
6		30%		
7		45%		

注：桩基础截面形式确定原则同 2.2.2 节。

表 2-11 不同土体胶结程度试验方案（3 个模型）

编号	边坡土类型		斜坡坡度 $\theta/$（°）	桩体
8	碎石土石膏掺量	无胶结（0%）	30	C30 混凝土，方形桩，截面尺寸为 0.1 m×0.1 m，桩长为 1 m
9		轻度胶结（3%）		
10		中度胶结（6%）		

注：桩基础截面形式确定原则同 2.2.2 节。

2.3.2 桩模型

根据第 2.2.2.1 节确定的模型桩截面尺寸为 0.1 m × 0.1 m，桩长 1 m，桩体混凝土等级为 C25。

模型桩桩身材料、配筋、桩身制作和养护过程同第 2.2.2.2 节所述。

将制作模型桩所用的水泥混凝土试块进行单轴抗压强度测试，试块标准为 10 cm × 10 cm × 10 cm，结果见表 2-12。

表 2-12   试块单轴抗压强度测试结果

试块编号	试块质量/g	试块密度/（g/cm³）	弹性模量/MPa	单轴抗压强度/MPa
5	2.111	2.111	26.83	32.2
6	2.123	2.123	25.29	32.5
7	1.999	1.999	27.52	41.3
8	2.183	2.183	33.09	42.0
9	2.147	2.147	26.84	49.0
10	2.225	2.225	28.56	44.0

2.3.3 不同密实度碎石土坡体模型

1. 碎石土土样

试验碎石土采用室内碎石和细粒黏性土配制。土样级配采用第 2.2.2.2 节筛分试验结果确定：粒径大于 2 mm 的颗粒占 73.6%，粒径大于 5 mm 的颗粒占 60%，粒径大于 20 mm 的颗粒含量为 28.8%。所选材料如图 2-27 所示。

图 2-27   碎石土土样制备材料

2. 密实度确定方法

模型试验设计制作不同密实度碎石土地基，密实度划分为松散、中密、密实三种。《公路桥涵地基与基础设计规范》（JTG D63）（中交公路规划设计院有限公司，2019）中碎石土密实度主要为定性划分，而没有定量划分。为了将碎石土密实度量化，试验参照砂土的相对密实度分类标准进行划分，列入表 2-13。

表 2-13　密实度的分类

密实程度	松散	中密	密实
相对密实度	$0<D_r≤33\%$	$33\%<D_r≤66\%$	$66\%<D_r≤100\%$

参照表 2-13 的划分标准，对此种碎石土地基，将三种不同密实度状态碎石土量化为 20%、40%、60%。土体制备时控制其含水率不变及级配不变，仅改变其密实度，采用控制单位体积的方法经夯实以达到密实度的要求。根据《公路桥涵地基与基础设计规范》（JTG D63）（中交公路规划设计院有限公司，2019）中对碎石土密实度的确定方法，认为碎石土的相对密实度 D_r 采用干密度 ρ_d 的变化，利用公式（2-8）作为其密实度的计算定量值。

$$D_r = \frac{\rho_d - \rho_{dmin}}{\rho_{dmax} - \rho_{dmin}} \times 100\% \qquad （2-8）$$

式中：D_r 为密实度程度；ρ_{dmax} 为最密实下的最大干密度（kg/m³）；ρ_{dmin} 为最松散状态下的最小干密度（kg/m³）；ρ_d 为实测干密度（kg/m³）。

取试样 5 kg 配制好的碎石土进行击实，以干密度为纵坐标/含水率为横坐标，作 ρ_d-w 关系曲线（含水率按平均含水率5.3%计，测试结果见后续章节），如图 2-28 所示；由试验可得，最大干密度为 2.45 g/cm³。

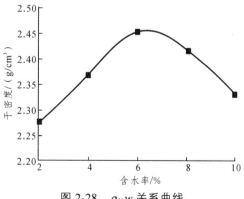

图 2-28　ρ_d-w 关系曲线

（1）为了达到拟定的20%密实度，采用分层夯实的方法，每次堆积土体厚20 cm，用制作的12 cm×12 cm的混凝土夯实锤（图2-29）进行夯实，夯实到厚度为18.4 cm时即达到要求。

图2-29　混凝土夯实锤

（2）为了达到拟定的40%密实度，每次堆积20 cm厚土层夯实到17 cm即达到要求。同样采用灌砂试验测定密度，密实度满足设计要求。

（3）为了达到拟定的60%密实度，每次堆积20 cm厚土层夯实到15.7 cm即达到要求。

地基夯实制作过程如图2-30所示（图中以20%密实度制作过程为例进行说明）。

（a）地基制作前　　　　　（b）地基制作中　　　　　（c）地基制作完成

图2-30　碎石土地基夯实制作过程

3. 土体参数确定

（1）含水率。

采用烘干法测定含水率，测试结果见表 2-14。

表 2-14 土体含水率测试结果

编号	湿土质量/kg	干土质量/kg	含水率/%	平均含水率/%
5	0.5	0.474 4	5.4	
6	0.5	0.455 3	5.2	5.3
7	0.5	0.455 3	5.2	

（2）密度。

采用灌砂试验分别测定密度，在每个试样填筑完成后，在试样前侧挖一10 cm×10 cm×10 cm 的坑，灌注石英砂量测土体密度，如图 2-31 所示。

（a）试验 5　　　　　　（b）试验 6　　　　　　（c）试验 7

图 2-31 土样密实度测定

石英砂密度为 1.34×10^3 kg/m³，实测的土体密度及密实度见表 2-15。

表 2-15 不同密实度土体物理参数

试桩编号	灌砂量 $m_{砂}$/kg	取土量 $m_{土}$/kg	密度 ρ/（kg/m³）	干密度 $\rho_{干}$/（kg/m³）	密实度 D_r/%
5	5.53	4.14	1.79×10^3	1.66×10^3	20.7
6	4.17	2.84	1.97×10^3	1.82×10^3	40.2
7	4.05	2.48	2.19×10^3	2.02×10^3	60.0

（3）剪切强度。

将制备的土样分别取三组进行土体的三轴剪切试验，以测定土体抗剪强度参数 c 值、ϕ 值。在剪切筒（高为 600 mm，直径为 300 mm）中将取样碎石土（土量密度按 2.2 g/cm³ 计算）分层夯实。分三级施加围压，分别为 0.1 MPa、0.2 MPa、0.3 MPa。试验过程中保持位移监测控制轴向加载速度不变，速率为 1.5 mm/min，当轴向位移达到 120 mm 时即可停止试验。试验过程参见第 2.2.2.3 节。土体抗剪强度见表 2-16。

表 2-16　不同密实度碎石土土体抗剪强度表

土性	内聚力 c/kPa	内摩擦角 φ /（°）
20.7%密实度碎石土	10	38
40.2%密实度碎石土	8	39
60%密实度碎石土	7	41

2.3.4　不同胶结程度碎石土坡体模型

1. 碎石土土样

试验碎石土采用室内碎石和细粒黏性土配制。土样级配为：粒径大于 2 mm 的颗粒占 73.6%，粒径大于 5 mm 的颗粒占 60%，粒径大于 20 mm 的颗粒含量为 28.8%。所选材料如图 2-32 所示。

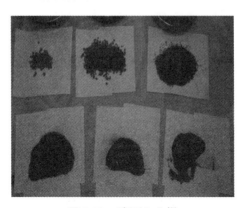

图 2-32　碎石土土样

2. 胶结程度确定

根据黄英等（2007）的研究，土的胶结强度受土样静置时间、胶结材料的种类、加入比例以及静置时间等因素的影响，存在一个最佳配合比和最不宜静置时间问题。在本试验中，考虑到胶结材料的种类以及静置时间等因素，胶结材料选用市场上的特种石膏粉（$CaSO_4 \cdot 2H_2O$），通过加入石膏来改变碎石土的胶结程度，分别考虑无胶结碎石土（即不加入石膏）、轻度胶结碎石土（石膏含量为 3%）、中度胶结碎石土（石膏含量为 6%）。加入的石膏与碎石土样进行拌和，其中设定的密实度为30%（即 2.1.1 中 5 号模型的密实度）。静置时间与土体胶结度的时间关系如图 2-33 所示。根据本试验要求，将静置时间选为 48 h，以保证土样的胶结度。

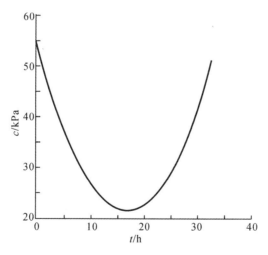

图 2-33　静置时间与土体胶结度的时间关系

3. 土体参数确定

采用灌砂法、烘干法和大三轴压缩试验分别测定模型土体的密度、含水量和抗剪强度，测试结果见表 2-17。

表 2-17　不同胶结程度碎石土物理力学参数

土性	重度 γ /（kN/m^3）	内聚力 c/kPa	内摩擦角 φ /（°）	含水率 w/%
轻度胶结碎石土	2.7	8	39	5.3
中等胶结碎石土	2.9	10	40	5.3
无胶结碎石土	2.2×10^3	7	37	5.3

2.3.5　试验模型安装

模型槽搭建及试验安装过程参见第 2.2.2.4 节。

2.3.6　监测元件的埋设

监测元件埋设参见第 2.2.2.5 节。

第3章

斜坡场地不同类土水平抗力分布规律研究

　　碎石土斜坡因其成因不同，土体的密实度、胶结程度亦会复杂多样，从而土体强度会有明显差异。针对斜坡场地不同类碎石土，本节采用室内物理模拟试验（室内模型试验的详细介绍见第 2 章）对同一坡度不同密实度、同一坡度不同胶结程度碎石土斜坡开展模型试验，对土体水平抗力分布情况进行探讨。试验原型以西南地区常见的斜坡类型以及土类进行抽取。研究中从桩周土体破坏、桩身位移、桩身弯矩的变化，归结出桩-土应力-应变的不同阶段，进而探讨桩-土不同应力-应变阶段的土体抗力分布规律。

3.1　不同密实度碎石土试验结果分析

3.1.1　桩周土体破坏过程

1. 密实度 D_r = 20.7%碎石土模型（5 号桩模型）

5 号试验桩桩周土体变形过程如图 3-1 所示。

裂缝萌生　　　　　　　　裂缝发展　　　　　　　　裂缝贯通

图 3-1　20.7%密实度地基裂缝发展过程

　　荷载从 0 kN 施加到 0.78 kN，桩及桩周土体变形小，每级荷载施加后桩身变形能够迅速稳定，超过此级荷载后，桩周土体开始出现肉眼可见裂缝。荷载增至 2.34 kN 时，裂缝随荷载增大而扩展，向桩前两侧约 30°～35°角方向延伸。当荷载达到 3.21 kN 后，桩周土体裂隙贯通，桩前土体稍有隆起，桩后土体与桩分离。加载结束时，桩周土体裂缝宽度达到 1 cm。该模型为第一个试验模型，由于试验经验有限，测试过程并不理想，荷载加载等级少；但从测试数据上，仍可看出桩在遭受水平荷载时的基本变形特点。

2. 密实度 D_r = 40.2%碎石土模型（6 号桩模型）

6 号试验桩桩周土体变形过程如图 3-2 所示。

　　　　裂缝萌生　　　　　　　　　　裂缝发展　　　　　　　　　裂缝贯通

图 3-2　40.2%密实度地基裂缝发展过程

荷载从 0 kN 施加到 3.89 kN，桩周土体变形小，每级荷载施加后桩身变形能够迅速稳定。荷载超过 3.89 kN 后，桩周土体开始出现肉眼可见裂缝。荷载增至 6.03 kN 时，裂缝随荷载增大而扩展，向桩前两侧约 30°～35°角方向延伸。荷载超过 6.03 kN 后，桩前土体隆起越来越明显，土体的开裂范围和宽度也迅速发展，并最终贯通。

3. 密实度 D_r = 60.0%碎石土模型（7 号桩模型）

7 号试验桩桩周土体变形过程如图 3-3 所示。

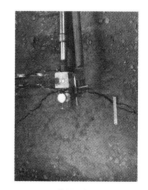

　　　　裂缝萌生　　　　　　　　　　裂缝发展　　　　　　　　　裂缝贯通

图 3-3　60.0%密实度地基裂缝发展过程

　　荷载从 0 kN 施加到 5.37 kN，桩周土体变形小，每级荷载施加后桩身位移能够迅速稳定。荷载超过 5.37 kN 后，桩周土体开始出现肉眼可见裂缝。荷载增至 8.76 kN 时，裂缝随荷载增大而扩展，向桩前两侧约 30°～35°角方向延伸。荷载增至 9.86 kN 时，桩前土体隆起越来越明显，土体的开裂范围和宽度也迅速发展。

　　该模型在加载过程中伴有 3 次异响，出现异响的荷载分别为 6.34 kN、7.50 kN、7.73 kN，当桩身取出时发现在泥面往下 0.3 m 处桩后出现明显裂缝，桩身已经破坏，因此推断异响声音出自桩身断裂（图 3-4）。

图 3-4　6 号模型桩身断裂图

3.1.2　桩顶位移

　　依据《建筑基桩检测技术规范》(JGJ 106—2014)(中国建筑科学研究院，2014)，以实测桩顶位移及其对应的荷载绘制桩顶位移-荷载曲线，如图 3-5 所示。

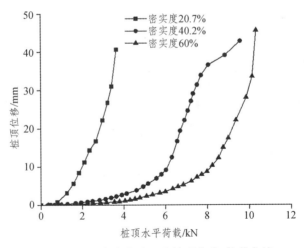

图 3-5　不同密实度碎石土桩顶位移-荷载曲线

由图 3-5 可见，不同密实度碎石土，桩顶位移随着荷载的增大而增大，两者关系曲线近似呈下凹形式变化。在相同荷载下，桩顶的水平位移基本上随着土体密实度的增大而减小。

密实度为 20.7% 的碎石土，桩顶荷载小于 1 kN 时，荷载每增加 0.3 ~ 0.5 kN，桩顶位移相对前一级荷载增大约 0.5 ~ 1 mm；荷载大于 1 kN 后，荷载每增加 0.5 kN，桩顶位移相对前一级荷载增加约 2 ~ 4 mm；尤其当桩顶荷载达到 2 kN 后，荷载每增加 0.3 kN，桩顶位移相对前一级荷载增加的量就已达到 2 ~ 4 mm，后期荷载作用下甚至达到了 1 cm。

密实度为 40.2% 的碎石土，桩顶荷载小于 3 kN 时，荷载每增加 0.3 ~ 0.5 kN，桩顶位移相对前一级荷载增大约 0.2 ~ 0.4 mm；荷载在 3 ~ 4.5 kN 时，荷载每增加 0.3 ~ 0.5 kN，桩顶位移相对前一级荷载增大约 0.4 mm；荷载在 4.5 ~ 6 kN 时，荷载每增加 0.3 ~ 0.5 kN，桩顶位移相对前一级荷载增大约 1 cm；6 kN 荷载后，相同荷载增量，桩顶位移相对前一级荷载增大约 2 cm。

密实度为 60% 的碎石土，桩顶荷载小于 5.5 kN 时，荷载每增加 0.3 ~ 0.5 kN，桩顶位移相对前一级荷载增大约 0.2 ~ 0.4 mm；荷载在 5.5 ~ 6.3 kN 时，荷载每增加 0.3 ~ 0.5 kN，桩顶位移相对前一级荷载增大约 0.5 ~ 10 mm；荷载增加至 6.3 kN 后，在相同荷载增量情况下，桩顶位移相对前一级荷载增大约 2 cm。

位移随荷载增加的速率呈三个阶段变化：第一阶段，荷载每增加 0.3 ~ 0.5 kN，桩顶位移相对前一级荷载增大约 0.2 ~ 0.4 mm；第二阶段，荷载每增加 0.3 ~ 0.5 kN，桩顶位移相对前一级荷载增大约 0.5 ~ 10 mm；第三阶段，在相同荷载增量情况下，桩顶位移相对前一级荷载增大约 2 cm。第一、二阶段过渡荷载分别为 1 kN、3 kN、5.5 kN；第二、三阶段过渡荷载分别为 3 kN、5.5 kN、6.3 kN。

3.1.3　桩身弯矩

5 ~ 7 号桩桩身弯矩随深度的变化曲线如图 3-6 所示。

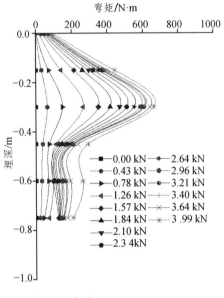

（a）$D_r = 20.7\%$

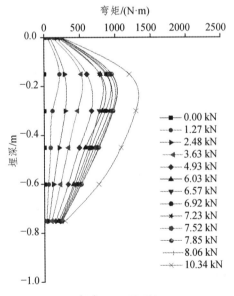

（b）$D_r = 40.7\%$

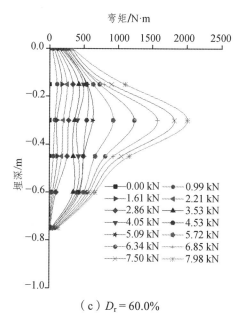

（c）$D_r = 60.0\%$

图 3-6 不同密实度碎石土桩身弯矩图

由图 3-6 可见，桩身弯矩从桩顶至桩底先增大后减小，呈上下小中间大的凸形；且随着土体密实度增大，桩身弯矩减小，桩身最大弯矩在埋深 0.3 m 左右。

密实度为 20.7% 的碎石土，桩顶荷载小于 1 kN 时，荷载每增加 0.3 ~ 0.5 kN，桩身弯矩相对前一级荷载增大约 50 ~ 100 N·m；当荷载大于 1 kN 后，荷载每增加 0.5 kN，桩身弯矩相对前一级荷载增加约 30 ~ 50 N·m。

密实度为 40.2% 的碎石土，桩顶荷载小于 1.67 kN 时，荷载每增加 0.3 ~ 0.5 kN，桩身弯矩相对前一级荷载增大约 100 ~ 200 N·m；当荷载大于 1.67 kN 后，荷载每增加 0.5 kN，桩身弯矩相对前一级荷载增加约 30 ~ 50 N·m；在加载后期，尤其是荷载增加至 7 kN 后，桩身弯矩几近不变。

密实度为 60% 的碎石土，桩顶荷载小于 2.21 kN 时，荷载每增加 0.3 ~ 0.5 kN，桩身弯矩相对前一级荷载增大约 30 ~ 50 N·m；当荷载大于 2.21 kN 后，荷载每增加 0.5 kN，桩身弯矩相对前一级荷载增加约 100 ~ 200 N·m；同时，结合图 3-4 可见，试桩断桩位置与桩身弯矩最大值处近似相同。

3.1.4　土体水平抗力

5～7 号桩桩前土体水平抗力随深度的变化曲线如图 3-7 所示。

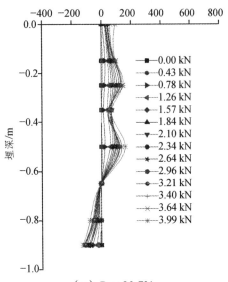

（a）$D_r = 20.7\%$

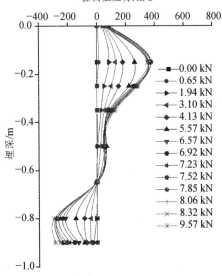

（b）$D_r = 40.2\%$

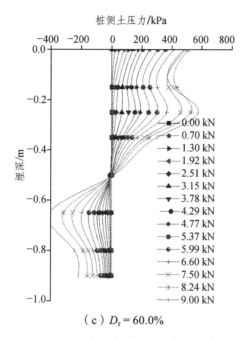

（c）$D_r = 60.0\%$

图 3-7　不同密实度碎石土桩侧土压力图

由图 3-7 可以看出，土压力随深度先增大后减小，呈上下小中间大的凸形。桩顶土体抗力接近于 0，向深处增大，在 $2b \sim 3b$（b 为桩径）深度达到最大抗力值，随后向着桩深处减小，直至土体抗力达到极小值（土体抗力 0点），随后土压力在桩后向桩底逐渐增大，在桩底达到极大值。

密实度为 20.7% 的碎石土，土压力最大值深度约为 0.2 ~ 0.5 m 桩埋深，该深度范围内土体抗力波动较大。其中 0.4 m 附近的土压力盒在挖出来后发现与桩脱离，加载后期没有受力，造成那一段的数据异常。

密实度为 40.2% 的碎石土，土压力最大值在深度为 0.2 m 桩埋深处，该深度范围内土体抗力波动较大；然后随深度逐渐减小，至埋深 0.65 m 后，在桩后产生抗力。

密实度为 60% 的碎石土，土压力最大值发生 0 ~ 0.3 m 桩埋深处，在该深度范围内，相较于其他密实度碎石土，该模型在泥面附近出现了局部应力集中现象。

统计不同荷载等级作用下土压力的大小，以位移分析时确定的三阶段划分荷载为例，见表 3-1。

表 3-1   不同密实度碎石土桩测土压力统计结果

密实度 /%	第一阶段与第二阶段过渡荷载			第二阶段与第三阶段过渡荷载		
	荷载值/kN	土压力最大值/kPa	最大土压力位置（埋深/m）	荷载值/kN	土压力最大值/kPa	最大土压力位置（埋深/m）
20.7	1	58	0.5	3	102	0.25
40.2	3	158	0.3	5	220	0.3
60	5.5	245	0.1～0.3	6.3	344	0.1～0.3

由表 3-1 可以发现，随密实度的增加，土体的水平抗力增大，土体抵抗变形的能力变强。在相同荷载下，尤其是后期荷载，$D_r = 20.7\%$ 的碎石土地基土抗力是密实度为 $D_r = 60.0\%$ 时土抗力的 30%～35%。越密实的碎石土地基，能够发挥的土抗力越大。

在不同密实度情况下，土体水平抗力最大值位置均在埋深 15～25 cm 处，大致随着密实度的增大向坡面方向移动。

3.2   不同胶结程度碎石土试验结果分析

3.2.1   桩周土体破坏过程

1. 无胶结碎石土模型（8 号桩模型）

8 号试验桩桩周土体变形过程如图 3-8 所示。

裂缝萌生　　　　　　　　裂缝发展　　　　　　　　裂缝贯通

图 3-8   无胶结碎石土试验桩桩周土体变形过程

荷载从 0 kN 施加到 2.4 kN，荷载作用下桩周土体变形较小，荷载施加后桩身位移能够迅速稳定，越过此荷载后，桩周土体开始出现裂缝。荷载继续增加至 5 kN，裂缝发展速度随荷载逐级加快，向着桩前 20°~30°夹角方向延伸。在荷载加载至 5.9 kN 的过程中桩周土体裂隙明显扩展，桩前土体隆起明显，桩后土体与桩分离。加载结束时，桩周土体裂缝明显且宽度超过 1 cm，整体贯通。

2. 轻度胶结碎石土模型（石膏含量 3%，9 号桩模型）

9 号试验桩桩周土体变形过程如图 3-9 所示。

裂缝萌生　　　　　　　裂缝发展　　　　　　　裂缝贯通

图 3-9　轻度胶结碎石土试验桩桩周土体变形过程

荷载从 0 kN 施加到 4.5 kN，每级荷载作用下桩周土体变形较小，荷载施加后桩身位移能够迅速稳定，越过此荷载后，从桩前两侧开始萌生细小裂缝，肉眼可见。随着荷载继续增加至 7 kN，裂隙发展速度，且向桩前两侧 20°~30°夹角方向延伸，桩前土体稍有隆起。在荷载加至 8.6 kN 过程中桩周土体裂隙明显，土体隆起，桩后土体与桩分离。加荷结束时，桩周土体裂缝明显且宽度超过 1 cm，整体贯通。

3. 中度胶结碎石土模型（石膏含量 6%，10 号桩模型）

10 号试验桩桩周土体变形过程如图 3-10 所示。

荷载从 0 kN 施加到 5.6 kN，每级荷载作用下桩周土体变形较小，荷载施加后桩身位移能够迅速稳定，越过此荷载后，从桩前两侧开始萌生细小裂缝，肉眼可见。随着荷载继续增加至 7 kN，裂隙发展速度逐级加快，向着桩前两侧 20°～30°角方向延伸。在荷载加载至 8.6 kN 的过程中，桩周土体裂隙明显扩展，有贯通趋势，桩后土体桩分离。加载结束时，桩周土体裂缝明显且宽度达到 1 cm。

裂缝萌生 　　　　　　 裂缝发展 　　　　　　 裂缝贯通

图 3-10　中度胶结碎石土试验桩桩周土体变形过程

3.2.2　桩顶位移

桩顶位移与荷载的关系曲线如图 3-11 所示。

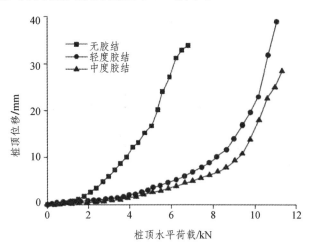

图 3-11　不同胶结程度碎石土桩顶位移-荷载曲线

不同胶结程度的碎石土，桩顶位移随着荷载的增大而增大，两者关系曲线近似为凹形。

无胶结度碎石土，桩顶荷载小于 2 kN 时，荷载每增加 0.3～0.5 kN，桩顶位移相对前一级荷载增大约 0.3 ~ 0.5 mm；当荷载大于 2 kN 后，荷载每增加 0.5 kN，桩顶位移相对前一级荷载增加约 1 ~ 2 mm，且位移的增大幅度随着荷载的增大而增大，尤其是当桩顶荷载达到 4.6 kN 后，荷载每增加 0.3 kN，桩顶位移相对前一级荷载增加的量就已达到 4 ~ 5 mm。

轻度胶结碎石土，桩顶荷载小于 4.5 kN 时，荷载每增加 0.3 ~ 0.5 kN，桩顶位移相对前一级荷载增大约 0.2 ~ 0.4 mm；荷载在 4.5 ~ 8.6 kN 时，荷载每增加 0.3 ~ 0.5 kN，桩顶位移相对前一级荷载增大约 0.5 ~ 10 mm；荷载大于 8.6 kN 后，荷载每增加 0.3 ~ 0.5 kN，桩顶位移相对前一级荷载增大约 2 cm。

中度胶结碎石土，桩顶荷载小于 5.4 kN 时，荷载每增加 0.3 ~ 0.5 kN，桩顶位移相对前一级荷载增大约 0.2 ~ 0.5 mm；荷载在 5.4 ~ 9.4 kN 时，荷载每增加 0.3 ~ 0.5 kN，桩顶位移相对前一级荷载增大约 0.5 ~ 10 mm；荷载大于 9.4 kN 后，在相同荷载增量情况下，桩顶位移增量达到 2 ~ 3 cm。

桩顶水平位移随着胶结程度的增加而减小。在天然土体中加入石膏提高土体胶结程度，在一定程度上提高了土体的抗剪强度，从而提高了地基承载力。加入 3% 的石膏之后，结构变形减小，说明土体水平抗力受天然土体胶结度变化的影响十分灵敏，但随着胶结度的进一步增加（胶结程度从 3% 到 6%），影响程度逐渐减弱，可以认为桩周土体的胶结程度可以适当提高土体强度，在一定强度范围内，在有效减小桩身位移的同时增强桩侧土体抵抗变形的能力。

按 3.2.1 节分析所得位移随荷载增加的速率呈三个阶段变化，确定出第一个阶段与第二阶段过渡荷载为 2 kN、4.5 kN、5.4 kN，第二阶段与第三阶段过渡荷载为 4.6 kN、8.6 kN、9.4 kN。

3.2.3　桩身弯矩

8 ~ 10 号桩桩身弯矩随深度变化曲线如图 3-12 所示。

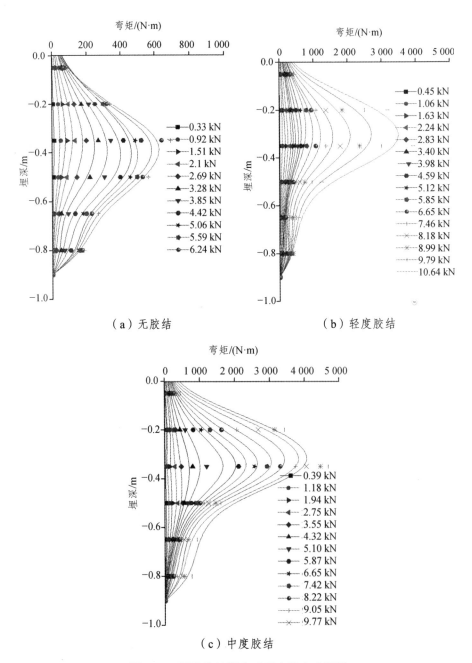

图 3-12　不同胶结程度碎石土桩身弯矩图

由图 3-12 可见，桩身弯矩从桩顶至桩底先增大后减小，呈上下小中间大的凸形。随胶结程度的增大，桩身弯矩增大，桩身最大弯矩处在桩埋深 0.3 m 左右。

无胶结的碎石土，桩顶荷载小于 2 kN 时，荷载每增加 0.3 ~ 0.5 kN，桩身弯矩相对前一级荷载增大约一倍；当荷载大于 2 kN 后，荷载每增加 0.5 kN，桩身弯矩相对前一级荷载增加约 20 N·m，但当桩顶荷载达到 4.6 kN 后，荷载每增加 0.3 kN，桩身弯矩相对前一级荷载增加的量约为 50 ~ 100 N·m。

轻度胶结碎石土，桩顶荷载小于 4.5 kN 时，荷载每增加 0.3 ~ 0.5 kN，桩身弯矩相对前一级荷载增大约 1 倍；当荷载大于 4.5 kN 后，荷载每增加 0.5 kN，桩身弯矩相对前一级荷载增加约 200 ~ 300 N·m；在加载后期，尤其是荷载 8.6 kN 后，桩身弯矩随荷载增加几近不变。

中度胶结碎石土，桩顶荷载小于 5.4 kN 时，荷载每增加 0.3 ~ 0.5 kN，桩身弯矩相对前一级荷载增大约 50 N·m；当荷载大于 5.4 kN 后，荷载每增加 0.5 kN，桩身弯矩相对前一级荷载增加约 100 ~ 200 N·m。

本次试验桩实际断裂的位置（图 3-13）与弯矩最大值的位置大致相同。8 号试验桩实际断裂的位置为距桩顶 54 cm 处，9 号试验桩实际断裂的位置为距桩顶 41.5 cm 处和 52 cm 处，10 号试验桩实际断裂的位置为距桩顶 40 cm 处和 51 cm 处，与实际也是相符合的。

图 3-13 试验桩断裂的位置

3.2.4 土体水平抗力

8 ~ 10 号桩桩前土体水平抗力随深度变化曲线如图 3-14 所示。

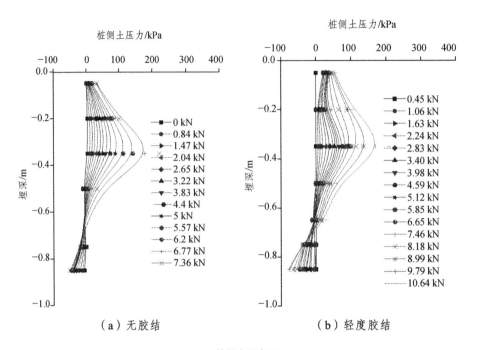

（a）无胶结　　　　　　　　　（b）轻度胶结

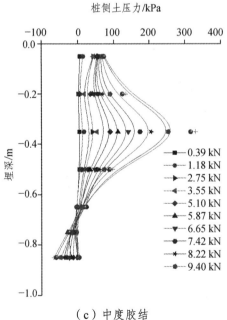

（c）中度胶结

图 3-14　不同胶结程度碎石土桩侧土压力图

由图 3-14 可见，土体水平抗力随深度变化整体上是先增大后减小，呈上下小中间大的凸形，均在一定深度后在桩后产生水平抗力，该深度在 0.7 倍桩埋深左右。但石膏含量不同，土体水平抗力最大值、最大值深度及土体抗力反向点略有差异，具体如下：

无胶结碎石土，在不同的荷载作用下，桩身的土压力分布在地面以下 30 cm 处先是随着荷载和深度的增加而增加，当达到一定荷载以后，土压力则随着荷载增加近似保持不变。30 cm 以下的土压力则随着深度增加而减小，几乎呈线性减小的趋势。70 cm 左右为土压力零点深度，即该点以下桩基向桩后发生位移，该段桩后土体水平抗力随深度逐渐增大。

轻度胶结碎石土，在不同的荷载作用下，桩身的土压力分布在地面以下 30 cm 随着荷载和深度的增加而增加，随荷载增加，增速开始比较小，然后逐渐增大。30 cm 埋深为土压力最大值深度，随后随着深度近似线性减小。70 cm 左右为土压力零点深度，即该点以下桩基向桩后发生位移，该段桩后土体抗力逐渐随深度而增大。

中度胶结碎石土，桩身的土压力分布在地面以下 30 cm 随着荷载和深度的增加而增加，且几乎呈线性增加。土压力零点位置在地面以下 70 cm 左右。土压力最大值点则是在地面以下 30 ~ 40 cm 范围内。

不同胶结程度的土体对桩侧土压力分布的影响较大，分别有最大土压力、最大土压力位置以及土压力随着埋深增加的变化情况。统计结果见表 3-2（仅统计荷载-位移曲线不同过渡阶段荷载）。

表 3-2　不同胶结程度碎石土土压力监测结果统计

胶结程度	第一阶段与第二阶段对应荷载			第二阶段与第三阶段对应荷载		
	荷载值/kN	土压力/kPa	土压力位置（埋深/m）	荷载值/kN	土压力/kPa	土压力位置（埋深/m）
无胶结	2	85.9	0.31	4.6	135.4	0.33
轻度	4.5	89.2	0.35	8.6	146.4	0.32
中度	5.4	103.8	0.35	9.4	168.6	0.35

从统计结果可以初步看出：桩受到的土压力与土体胶结程度成正比，即与土体强度成正比，增幅约为 10% ~ 30%。土体水平抗力最大值位置近似随

胶结程度的增加而向深部移动，整体范围在（3~4）b 埋深内，说明土体的抗剪强度与胶结程度成正比，促使土体在受水平推力作用时土体能够提高抗力的贡献能力。

3.3 桩-土应力-应变阶段分析

通过试验测试数据的初步分析可知，随着桩顶作用荷载增大，桩及桩周土体变形、桩身弯矩的变化明显具有阶段性。不同的阶段表现出桩-土受力的应力-应变有所不同。为了明确土体抗力在结构水平推力作用下的分布模式，首先通过不同土类的桩顶位移梯度-荷载曲线（图 3-15、图 3-16）来划分基础受力的情况。

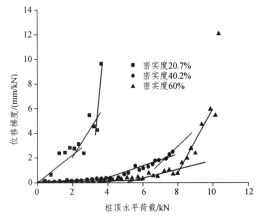

图 3-15　不同密实度碎石土桩顶位移梯度曲线

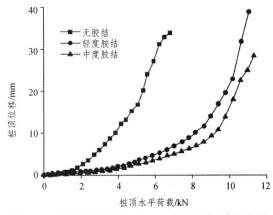

图 3-16　不同石膏含量碎石土位移梯度-荷载曲线

从图 3-15、图 3-16 中可以获得各模型基桩的临界荷载 H_{cr}、极限荷载 H_u 及其对应的桩顶位移 X_{cr} 和 X_u，并结合桩周土体变形破坏的过程以及桩身弯矩在受荷阶段的变化特点，对桩-土应力-应变阶段进行划分。统计结果见表 3-3。

（1）由图 3-15、图 3-16 可见，位移随荷载增加的速率呈三个阶段变化：第一阶段，荷载每增加 0.3～0.5 kN，桩顶位移相对前一级荷载增大 0.2～0.4 mm，两者关系近似线性增大；第二阶段，荷载每增加 0.3～0.5 kN，桩顶位移相对前一级荷载均增大 5～10 mm，此时位移-荷载关系为呈非线性；第三阶段，位移随荷载呈加速增大的趋势。

表 3-3　各桩荷载试验结果统计

桩号	土体裂缝起裂荷载 /kN	起裂荷载对应裂缝素描图	土体隆起失稳荷载 /kN	失稳荷载对应裂缝素描示意图	桩身临界荷载 /kN	桩身极限荷载 /kN	桩身弯矩突变荷载/kN	
							增量 30%	增量 50%
5	0.78		3.21		1.0	2.34	1	2
6	3.8		6.03		3.89	6.03	1.67	4.93
7	5.37		7.73		5.37	6.34	2.21	5.2
8	2.2		5.9		2	4.6	2	4.6
9	5.6		8.6		4.5	8.6	4.5	8.5
10	5.6		8.6		5.4	9.4	5.4	8.6

（2）不同类土，虽然桩周土体裂缝扩展情况不尽相同，但桩周土体破坏进程大体一致：随着水平荷载的增加，裂缝由桩前向两端扩展，直至其宽度超过 1 cm 后，土体开始隆起，随着裂缝宽度进一步增加，桩前土体破坏。归纳总结认为桩周土体裂缝主要有三种类型，如图 3-17 所示。

（a）桩前两侧剪裂缝 　　（b）桩后张裂缝　　 （c）坡前剪胀裂缝

　主要由桩前两桩角向坡前延伸，与桩边方向呈一夹角，会出现由最初的多条平行不连续裂缝逐渐贯通为一条裂缝的现象　主要沿桩后桩边形成一条近似垂直于加载方向即水平方向的裂缝　本次试验出现在 30°坡模型试验中，呈一条近似垂直于加载方向即水平方向的裂缝，并伴随着土体轻微隆起

图 3-17　桩周土体裂缝形式示意图

　　综上所述：桩周土体从加载开始到结束，经历了裂缝萌生—裂缝发展—裂缝贯通的三个阶段，对应了桩-土应力-应变的三个阶段，可通过桩顶位移-荷载曲线对各个阶段进行划分和确定。图 3-18 为 6 个模型桩桩顶位移-荷载曲线统计图，其中黑色实线是根据 6 个模型桩桩顶位移-曲线变化趋势获得的趋势线。基于上述位移变化梯度关系，将桩-土应力-应变阶段划分三个阶段可表述为：

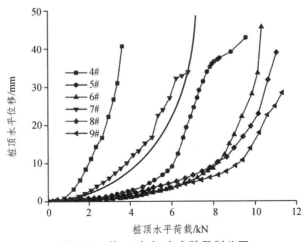

图 3-18　桩-土应力-应变阶段划分图

基于上述位移变化梯度关系，将桩-土应力-应变阶段划分三个阶段可表述为：

（1）线性变形阶段，每级荷载作用下桩顶位移较小，随着荷载增大桩顶位移近似线性增大，荷载每增加 0.3～0.5 kN，桩顶位移相对前一级荷载增大约 0.2～0.4 mm，桩身弯矩相较于前一级荷载增大约 10%～20%。此时，桩周土体无明显裂缝，但是越过此荷载后，桩周土体开始出现裂缝；对应的荷载为临界荷载，即桩顶荷载小于临界荷载时，桩-土处于线性变形阶段。

（2）非线性变形阶段，桩顶荷载在临界荷载和极限荷载之间，荷载每增加 0.3～0.5 kN，桩顶位移相对前一级荷载增大约 5～10 mm，桩顶荷载与位移呈非线性变化，此时，桩身弯矩相较于前一级荷载增大幅度约为 30%。在此阶段桩周土体出现微裂缝，数量增多，尺寸增大，但当某一级荷载保持不变时，裂缝发展也会几近停止。

（3）加速变形阶段，此时位移随荷载呈加速增大的趋势，此时桩身弯矩也急剧变化，相较于前一级荷载增大幅度约为 50%。进入本阶段后，土体内裂缝出现了质的变化，桩后土体与桩分离；裂隙发展速度且随荷载逐级加快，裂缝向着桩前一定夹角方向延伸，此时并未贯通，桩前土体稍有隆起。在荷载达到极限荷载时，桩周土体裂隙明显扩展，地基土体处于失稳边缘，继续加载，土体整体趋于失稳。此时，桩顶荷载大于极限荷载。

但从相应的桩身弯矩来看，其变化对应的荷载大小与其他两个判别标准略有差异。这主要是因为桩身应变数据的采集使用应变箱，为人工操作读数，室内加载设备稳压能力有限，造成数据读取有一定误差，故而桩-土应力-应变阶段划分标准的桩身弯矩因素仅作参考。

3.4　不同类土土体水平抗力时空分布规律

桩-土应力-应变的不同阶段，必然会造成土体水平抗力的表现形式及量级上的差异，从而影响土体抗力分布特点，通过探讨土体水平抗力随深度的变化可以获得抗力分布的基本规律，而通过探讨土体水平抗力随位移的变化可以确定不同深度土体抗力随时间的走势，量化土体抗力在各个阶段的贡献量（即大小）。故而土体水平抗力随时空分布特点通过上述两个方面共同探讨而综合得出。

3.4.1 土体水平抗力随深度变化

土体在承受基础（桩）给予的水平推力作用时，主要经历三个应力-应变阶段：线性阶段、非线性阶段和加速变形阶段。临界荷载、极限荷载分别为线性-非线性阶段、非线性-加速阶段的划分荷载。故对三种不同的桩-土应力-应变阶段的土体抗力分布模式进行分析，图3-19、图3-20所示为不同类土在桩-土不同应力-应变阶段的土体抗力曲线。

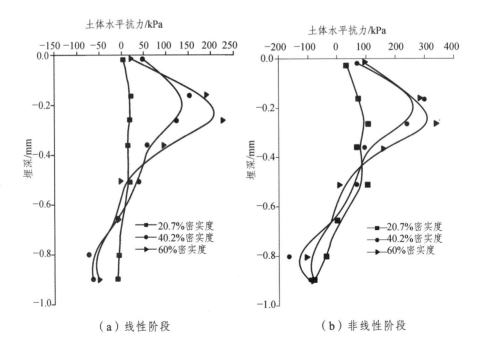

（a）线性阶段　　　　　　　　　　（b）非线性阶段

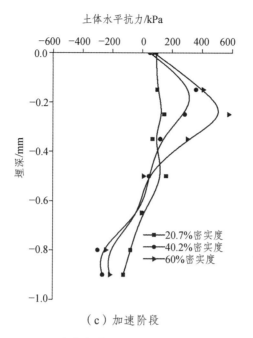

（c）加速阶段

图 3-19　不同密实度碎石土水平抗力随深度关系曲线

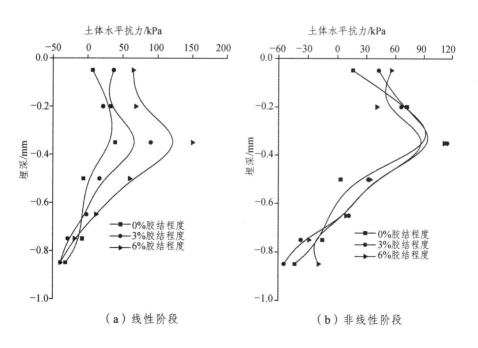

（a）线性阶段　　　　　　　　　　　　　　（b）非线性阶段

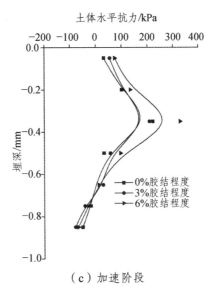

（c）加速阶段

图 3-20　不同胶结程度碎石土水平抗力随深度关系曲线

图 3-19 所示为不同密实度碎石土在不同应力-应变阶段土体抗力随深度变化关系的曲线。三种变形阶段，土体抗力均随深度呈上下小中间大的凸形，这种变化趋势随着荷载的增大越来越明显。桩-土变形阶段从线性过渡到加速阶段，桩周土体能够提供的抗力也在逐渐加大，但土体抗力最大值的位置几近不变，在 2～3 倍桩径埋深范围内。

在非线性阶段后，尤其对于松散和中密碎石土而言，近坡面一定深度内（约 0.2～0.3 m 埋深）土体抗力近似不再增大，参见图 3-19（b）和（c），最大土体抗力分别约为 100 kPa 和 300 kPa，可以认为该类土体的极限土体抗力为 100 kPa 和 300 kPa；在 0.2～0.3 m 埋深以下，土体抗力仍在持续增加中，直至加速阶段，土体抗力近似不变，说明不同深度土体其抗力发挥具有一定的时效性。

需要说明的是，在非线性变形阶段，密实度为 20.7% 的碎石土土体抗力随深度近似呈线性变化，该类密实度土体处于松散状态，不能提供明显抗力，随着桩身水平变形加剧，土体逐渐被压实，在进入非线性阶段后，土体抗力有一定量的发挥。

图 3-20 所示为不同胶结程度碎石土在不同应力-应变阶段土体抗力随深度变化关系的曲线。土体抗力均随深度呈上下小中间大的凸形，这种变化趋势随着荷载的增大越来越明显。桩-土变形阶段从线性过渡到加速阶段，桩周土体能够提供的抗力在逐渐加大，但是土体抗力最大值的位置几近不变，在 3 ~ 4 倍桩径埋深范围内。

在非线性阶段后，无胶结碎石土和轻度胶结碎石土，近坡面一定深度内（约 0.3 ~ 0.4 m 埋深）土体抗力近似不再继续增大，参见图 3-20（b）、（c），均在 100 kPa 左右，可以认为该类土体的极限土体抗力为 100 kPa，这也说明在一定胶结程度范围内的土体，对于土体抗力的提升作用并不甚明显。在 0.2 ~ 0.3 m 埋深以下，土体抗力仍在持续增加中，直至加速阶段，土体抗力近不变，说明不同深度土体其抗力发挥具有一定的时效性。

同时需要说明的是，土体抗力在泥面处由于应力集中效应导致其监测结果有些异常，主要表现在中度胶结碎石土模型在此相对较大。

综合上述，发现：

桩-土处于不同应力-应变阶段，碎石土土体水平抗力在地表附近较小，随着深度的增加，土体抗力逐渐增大，在 0.3 ~ 0.5 倍桩埋深附近达到最大值，该阶段土压力波动变化比较明显，达到最大值后逐渐减小，在基础埋深一定深度附近达到极小值（土体抗力零点），随后在桩后这一位置直至桩底土体抗力线性增大。

各应力-应变阶段的不同之处在于土体抗力的量值，尤其是最大土体抗力及其抗力发生的范围，后一阶段土体抗力较前一阶段大，作用范围也宽。尽管碎石土土类不同，土体抗力随深度变化均可分为两个阶段：

（1）土体抗力零点上段，土抗力随深度先近似线性增大，达到抗力最大值后向深处逐渐减小。桩-土的线性变形阶段，土体抗力较小，随着荷载进一步增大，土体抗力逐渐增大，当变形进入加速阶段后，上部一定深度内桩基的抗力最大值随荷载增大其变化幅度减小，有趋于稳定的态势，该深度随着桩-土应力-应变的进一步转变而加深。

（2）土体抗力零点下段，由于基础（桩）发生挠曲（或转动）变形，桩后土体给予桩基一定抗力，该阶段土体抗力在土体抗力零点以下至桩底近似呈线性增大，在桩底达到抗力极大值点。在桩-土的线性变形阶段，土体抗力较小，随着变形的进一步发展，土体抗力逐渐增大，有趋于稳定变化的趋势。

3.4.2 土体水平抗力随位移的变化

桩-土应力-应变的不同阶段，导致了土体水平抗力量级上的差异，从而影响土体抗力分布上的变化，通过探讨土体水平抗力随位移的变化可以量化土体抗力在各个阶段的贡献量（即大小）。即土体何时达到其抗力极限状态，与桩-土应力-应变阶段是如何对应的？不同的桩-土应力-应变阶段，是否可以采用相应的指标对土体抗力进行量化？

基于上述问题，分析土体水平抗力测试结果后可知：桩身位移、桩侧土抗力变化明显段主要集中在桩身上部，约为 0.5 倍桩埋深范围内，尤其是在 0.5 倍埋深处土体抗力在进入加速变形阶段后的变化显著趋于平稳。不同工况桩基监测数据的质量参差不齐，取坡面至埋深 50 cm 范围内相对较好的数据进行分析。

1. 土体抗力-桩顶位移关系

统计不同深度土体水平抗力与桩身泥面位移之间的关系，绘制位移-土体水平抗力曲线（以 15 cm、25 cm 深度为例，如图 3-21、图 3-22），需要说明的是，图中纵坐标为桩单位面积上土体抗力（即桩单位面积上土体抗力 = 该深度土体抗力与桩深度的乘积）。土体抗力-位移关系是量化桩-土应力-应变阶段土体抗力大小的有效方法之一。两者关系中，地基初始弹性模量 k_{ini} 和土体极限抗力 p_u 是两大重要的表征参数，其中，地基初始反力模量为抗力-位移曲线线性变化结束点的力与位移的比值。在一定的位移控制之内（1.5 ~ 3 mm），地基初始反力模量则可定义为土体抗力系数；土体极限抗力是抗力-位移曲线加荷后期的稳定变化段的起点。

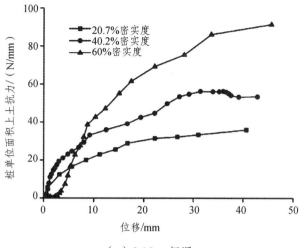

（a）0.15 m 埋深

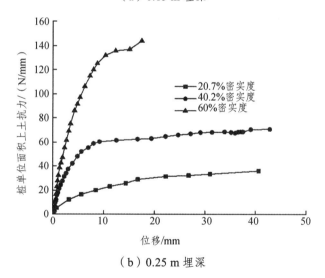

（b）0.25 m 埋深

图 3-21　不同密实度碎石土水平抗力-位移曲线

　　由图 3-21 可知：不同密实度碎石土场地桩身位移与桩侧土体抗力呈正比、双曲线关系变化。密实度越大，土体的极限抗力越大，曲线的初始段斜率越大。从图中可以近似读出，土体密实度增大约 20%，土体极限抗力增大约 40%，曲线初始段斜率增大 10%左右。p-y 曲线初始刚度和桩侧极限土体抗力均随桩深增加而增大。

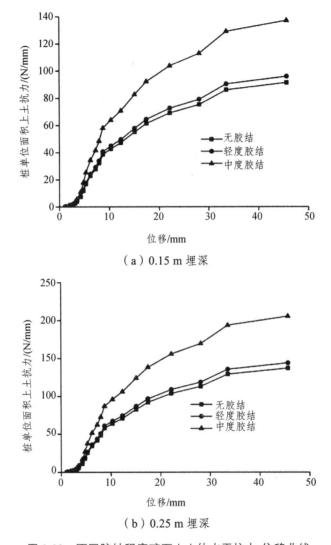

（a）0.15 m 埋深

（b）0.25 m 埋深

图 3-22 不同胶结程度碎石土土体水平抗力-位移曲线

由图 3-22 可知：无胶结碎石土和轻度胶结碎石土，土体抗力近似不再增大，均在 100 kPa 左右，这也说明一定胶结程度以内的土体，其对于土体抗力的提升作用并不甚明显。而对于中等胶结的碎石土而言，土体抗力仍在持续增加中，说明该类土体抗力仍有一定的潜力。土体抗力-位移曲线初始刚度和桩侧极限土体抗力均随桩深增加而增大。

进一步可获得，当桩周土体达到极限抗力状态时，其对应的位移与桩顶荷载-位移曲线中加速阶段的起点对应的位移是一致的（表3-4），即可说明当桩-土变形进入加速变形阶段时，土体抗力开始逐渐接近或达到其桩土极限抗力。同时，从地基初始弹性模量 k_{ini} 定义出发（抗力-位移曲线线性变化结束点的力与位移的比值），该直线段结束点对应位移与桩顶荷载-位移曲线中线性阶段结束点对应位移大致相同（表3-4）。故而可以说明：土体极限抗力可以表征桩土应力-应变非线性阶段过渡到加速阶段的土体抗力，地基初始弹性模量可以量化桩土应力-应变线性阶段过渡到非线性阶段的土体抗力。同时，从各个深度达到土体极限抗力的位移对应的桩顶荷载时间，可说明其是逐渐发生的一个过程，具有明显的时间效应。

表3-4　土体水平抗力表征参数统计

桩号	地基初始模量计算对应位移/mm		极限土体抗力计算对应位移/mm	
	p-y 曲线直线段终点	桩-土应力-应变线性变化段终点	p-y 曲线稳定变化段起点	桩-土应力-应变非线性变化段终点
5	0.08	0.05	0.44	0.5
6	2.63	2.6	9.17	9
7	2.7	2.7	10	10
8	3.99	4.1	10	10
9	4.5	4	11.6	11
10	3	3	10.8	11

2. 土体水平抗力参数与土性参数的关系

基于工程应用的目的，为将不同土类土体对土体抗力的影响归一化，考虑到土体抗剪强度对土体水平抗力分布影响较大，撇除所处位置（深度）外，通常情况下土压力受控于桩周土的黏聚力和内摩擦角，不同土性密实度、胶结程度直接导致土体黏聚力、内摩擦角的差异，决定了土体在抗力表现上的差异。为了建立不同类土体土体强度下地基初始模量、土体极限抗力计算模型，本节依据《建筑地基基础设计规范》（GB 50007—2011）（住房和城乡建设部，2011）推荐公式 $f_a = M_b \gamma b + M_d \gamma_m d + M_c c_k$ 对土体的地基承载力进行估算。引入地基初始模量因子 F_k 和桩侧土体水平抗力因子 F_s 的概念，以水平场地 40.2%密实度碎石土计算得出的地基初始模量和土体极限抗力为基准值，其他条件不变，土类改变后，得到其他条件下土体抗力极限值同一位移时所对应的土抗力表征指数，该值与基准土抗力表征指数之比即为无量纲参量。

为了建立两者的相互关系，只将无量纲参量表示为土体强度参数的函数。以抗力最大值深度的抗力-位移关系确定的土体水平抗力表征参数为例，说明土体水平抗力参数与土体抗剪强度的关系，如图 3-23 所示，图中横坐标为以土体强度指标确定的地基承载力特征值。

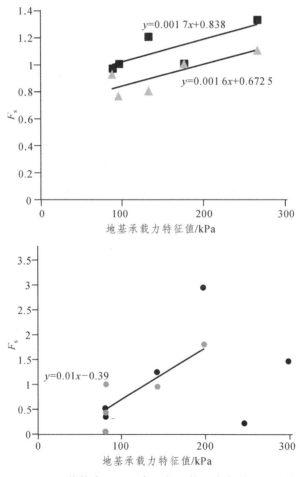

图 3-23　土体抗力无量纲参量与土体强度参数关系曲线

通过图 3-23 可获得两者关系式，土体极限抗力和地基反力模量随土体强度增大而增大，近似呈正比的关系，其中土体极限抗力与土体强度关系相对较为明显，地基反力模量相对离散，以下述统计关系进行表述：

$$F_s = 1.65 \times 10^{-3} \cdot f_a + 0.73 ; \quad F_k = 1 \times 10^{-2} \cdot f_a - 0.39 \quad （3-1）$$

其中：f_a 为由土的抗剪强度指标确定的地基承载力特征值。

3. 土体抗力系数比例系数 m 值的确定

地基初始反力模量为抗力-位移曲线线性变化结束点的力与位移的比值。在一定的位移控制之内（1.5～3 mm），地基初始反力模量则可定义为土体抗力系数。而当土体抗力系数随深度上的分布近似呈线性增大时，对碎石土场地可采用 m 法进行估算。m 值对于同一根桩并非定值，与荷载呈非线性反比关系。因此，m 值取值应与实际荷载、允许位移相适应，即同时可以表示桩-土在不同应力-应变阶段土体抗力的大小。如根据试验结果求土体抗力系数比例系数 m 值，取相应荷载及对应位移按式（3-2）计算：

$$m = \frac{\left(\dfrac{H}{X} v_x\right)^{\frac{5}{3}}}{b_0 (EI)^{\frac{2}{3}}} \quad （3-2）$$

式中参数意义见第 1.2 节。

规范要求 m 法选取线性变形阶段的终点荷载对应的 m 值作为地基土体 m 值，这级荷载对应的 m 值是土体处于线性变形阶段的最小 m 值。而桩土进入非线性变形阶段及加速变形阶段时已经不满足 m 法的基本假定，m 值已经不具有参考价值。按照公式（3-2），进一步获得 $2(b+1)$ 范围内水平抗力系数比例系数的平均值，见表 3-5。由表 3-5 可见，m 值与土体密实度、胶结程度呈正比。

表 3-5 土体水平抗力系数比例系数 m 值

土类	地基承载力特征值/kPa	m 值/（MN/m^4）
20.7%密实度碎石土	81.7	53.35
40.2%密实度碎石土	142.6	107.06

续表

土类	地基承载力特征值/kPa	m 值/（MN/m⁴）
60%密实度碎石土	197.4	175.61
无胶结碎石土	244.9	56
轻度胶结碎石土	297.4	60
中度胶结碎石土	332.4	105

3.5 本章小结

1. 不同类土变形特点

不同类土，桩-土应力-应变阶段可根据桩-土变形特点、桩身弯矩特点划分为线性变形阶段、非线性变形阶段、加速变形阶段。

2. 土体水平抗力与土类的相关性

（1）松散和中密碎石土，在加速阶段，0.2~0.3 m 埋深最大土体抗力分别为 100 kPa 和 300 kPa；在 0.2~0.3 m 埋深以下，土体抗力仍在持续增加中。对于密实的碎石土而言，土体极限抗力大于 300 kPa。具体统计得出，土体密实度增大约 20%，土体极限抗力增大约 40%。

（2）无胶结碎石土和轻度胶结碎石土，在加速阶段，0.3~0.4 m 埋深土体抗力最大值约为 100 kPa。在 0.2~0.3 m 埋深以下，土体抗力仍在持续增加中；中等胶结的碎石土，土体极限抗力大于 100 kPa。

3. 土体水平抗力随深度变化

土类不同，土体水平抗力在应力-应变的三个阶段均随深度增加呈上下小中间大的凸形。可将土体水平抗力随深度变化主要分为两个阶段：

（1）土体抗力零点上段，土抗力随深度先近似线性增大，达到抗力最大值（0.3~0.5 倍桩埋深）后逐渐减小。在桩-土的线性变形阶段，土体抗力小，随荷载增大，土体抗力逐渐增大；当变形进入非线性、加速阶段时，上部一定深度内桩基的抗力最大值随荷载增大其变化幅度减小，有趋于稳定的趋势，该深度随着桩-土应力-应变的进一步转变而加深。

（2）土压力零点下段，由于基础（桩）发生挠曲变形，桩后土体给予桩基一定抗力，该段土体抗力至桩底近似呈线性增大，在桩底达到抗力极大值点。在桩-土的线性变形阶段，土体抗力较小，随着变形的进一步发展，土体抗力逐渐增大，有趋于稳定变化的趋势。

4. 土体水平抗力随位移变化

不同类土，桩身位移与桩侧土体抗力呈正比、双曲线关系变化。曲线初始段斜率（地基初始弹性模量）和桩侧极限土体抗力均随桩深增加而增大，且近似线性增大。其中，地基初始弹性模量是反映桩-土线性变形阶段土体抗力发生速率的参数，土体极限抗力是确定桩-土应力-应变关系是否进入加速变形阶段的指标。

5. 土体抗力表征参数与土性关系

（1）不同土性密实度、胶结程度直接导致土体黏聚力、内摩擦角的差异，决定了土类地基承载力的不同，土体极限抗力和地基反力模量随土体强度增大而增大，近似呈正比的关系，其中土体极限抗力与土体强度关系相对较为明显，地基反力模量相对离散。

（2）桩-土线性变形阶段 m 值与土体密实度、胶结程度呈正比。

第 4 章

不同斜坡坡度土体水平抗力分布规律研究

在归纳碎石土场地土体抗力分布规律的基础上，我们进一步开展斜坡坡度对土体水平抗力分布规律影响研究。本章采用斜坡桩基现场试验结合室内物理模拟试验共同探讨斜坡坡度对土体水平抗力的作用。以现场试验为原型，通过相似理论设计不同坡度下的室内试验模型，试验坡度设计为 0°、15°、30°、45°共 4 种，试验桩基为桩径 0.1 m、桩长 1 m 的圆桩，通过布设桩顶百分表、桩身应变片、桩侧土压力盒来收集桩顶位移、桩身弯矩、桩侧土压力，进而探讨不同斜坡坡度土体水平抗力分布规律。模型搭建及监测元件埋设详见第 2 章。

4.1　不同坡度下现场试验结果分析

4.1.1　桩周土体破坏过程

在现场试验过程中，通过拍照及素描的方式记录桩周土体的破坏过程，桩-土体系破坏过程及对应描述见表 4-1 ~ 表 4-4。

表 4-1　2#桩加载及变形破坏情况（坡度 33°）

加载等级	桩周裂缝发展情况	裂缝实物图	裂缝素描图
489 kN	桩后出现了裂缝，长约 80 cm,宽 3 mm		宽1~2 mm　加载方向　1:100　1m
651 kN	桩后裂缝继续发展，长约 1 m,宽约 1 cm;桩身右侧新增了一条细裂缝，长 35 cm,宽 4 ~ 5 mm		宽5 mm　1:100　1m

加载等级	桩周裂缝发展情况	裂缝实物图	裂缝素描图
814 kN	桩后的裂缝长约 1.7 m，宽 3 cm；同时在靠近反力墙 10 cm 处新出现了水平裂缝，宽约 2 cm		宽1 cm 宽3 mm 1 : 100 1m
977 kN	桩后裂缝最大宽度在 5~7 cm，并且逐渐向桩前平台处延伸，产生多条斜裂缝，宽 0.5~1 cm		宽1.5 cm 宽5 mm 1 : 100 1m
1 140 kN	桩后土体逐渐拉裂，最大宽度达到 9 cm；同时，桩身两侧的裂缝也不断向坡前发展		宽4 cm 宽5 mm 1 : 100 1m
1 466 kN	桩后裂缝宽度达到 15 cm，裂缝中土体局部塌陷，桩顶位移超过 100 mm		宽9 cm 宽1 cm 宽4 mm 1 : 100 1m

表 4-2 3#桩加载及变形破坏情况（坡度 12°）

加载等级	桩周裂缝发展情况	裂缝实物图	裂缝素描图
594 kN	桩身左侧出现了一条斜裂缝，长约 65 cm，宽约 2 mm		宽2 mm 1 : 100 1m

续表

加载等级	桩周裂缝发展情况	裂缝实物图	裂缝素描图
756 kN	桩身左侧裂缝迅速向两侧延伸，长约 1 m，宽约 5 mm；并且在裂缝的前方平行出现了 2 条微裂缝；同时，在桩身右侧出现了一条斜裂缝，长约 0.6 m，宽约 3 mm		宽5 mm 宽3 mm 1∶100 1 m
951 kN	桩身左侧裂缝长约 1.3 m，宽约 1 cm；反力墙附近出现了长约 1.5 m 斜裂缝，宽 1.5 cm		宽1.5 cm 宽5 mm　宽1 cm 1∶100 1 m
1 145 kN	桩后裂缝最大宽度达到 6 cm；并且桩身两侧的裂缝也不断向坡前发展，宽约 5 mm		宽2 cm 宽6 cm 宽5 mm　宽1 cm 1∶100 1 m
1 340 kN	桩周两侧的土体裂缝不断向桩前斜坡处发展，并错裂成多条裂缝，最大宽度为 8 cm		宽8 cm 宽1 cm 1∶100 1 m

表 4-3   4#桩加载及变形破坏情况（坡度 13°）

加载等级	桩周裂缝发展情况	裂缝实物图	裂缝素描图
717 kN	千斤顶的两侧产生了两条水平裂缝，后侧的裂缝一直延伸到反力墙处，长约 1.2 m，宽 5 mm，前侧的裂缝长约 0.6 m，宽 1~2 mm		宽 1~2 mm 宽 5 mm 1:100 1 m
912 kN	千斤顶两侧的裂缝宽度达到 1.5 cm，同时在桩身左侧与加载方向呈 45°角处出现了新的裂缝，长约 1 m，宽 3~5 mm		宽 1.5 cm 宽 3~5 mm 1:100 1 m
1 108 kN	千斤顶两侧的裂缝发展迅速，最大宽度达到 3 cm，并逐渐错裂成多条裂缝；同时，桩身左侧 45°方向的裂缝宽度也达到了 2 cm，并向桩前斜坡处延伸		宽 3 cm 宽 1 cm 1:100 1 m
1 336 kN	桩后裂缝迅速发展，最大宽度已达 7 cm，间有土体掉落；桩侧的裂缝已延伸到桩前斜坡边缘，宽 2~3 cm，长约 2 m		宽 7 cm 1:100 1 m 宽 2~3 cm

表 4-4　6#桩加载及变形破坏情况（坡度 26°）

加载等级	桩周裂缝发展情况	裂缝实物图	裂缝素描图
496 kN	桩身右侧出现了 2 条细裂缝，长约 35 cm，宽约 1~3 mm；同时，在桩身左侧也出现了 1 条水平向细裂缝，长约 30 cm，宽 1~2 mm		宽1~3 mm　宽1~2 mm　1 m 1:100
821 kN	桩后原有裂缝最大宽度为 1~2 cm，并且向两边延伸，形成多条裂缝；桩身左侧的水平裂缝也有所延伸，长度达到 80 cm，宽度约为 5 mm		宽1~2 cm　宽5 mm　1 m 1:100
1 210 kN	桩身后侧裂缝迅速扩张，逐渐拉裂错位，形成多条拉裂缝，最大宽度为 6~7 cm。桩身左侧裂缝宽 2~3 cm，长约 1.5 m		宽6~7 cm　宽2~3 mm　1 m 1:100
1 336 kN	桩身出现明显裂缝，桩顶位移达到 99 mm		宽9 cm　宽4 cm　1 m 1:100

统计得出，桩周土体从加载开始到结束，经历了裂缝萌生—裂缝发展—裂缝贯通三个阶段。不同斜坡坡度条件作用使桩周土体裂缝扩展情况不尽相同，但桩周土体破坏进程大体一致：随着水平荷载的增加，桩前土体裂缝首先由桩端向两侧扩展，当其宽度超过 1 cm 后，土体开始隆起，随后破坏。

归纳总结认为：桩周土体裂缝主要有三种类型，分别为桩前两侧的剪裂缝、桩后的张裂缝、坡前的剪胀裂缝。其中：桩前两侧剪裂缝与加载方向的夹角为水平扩散角 α，根据现场试验获得的桩周土体裂缝照片及手绘素描图测量可以得到，坡度为 12°、13°、26°、33°时的坡桩前水平扩散角 α 分别为 18°、22°、16°、17°。

4.1.2 桩身位移

1. 桩身位移

基础（桩）位移-深度曲线如图 4-1 所示。

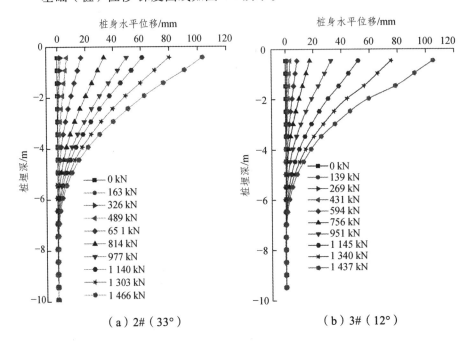

（a）2#（33°）　　　　　（b）3#（12°）

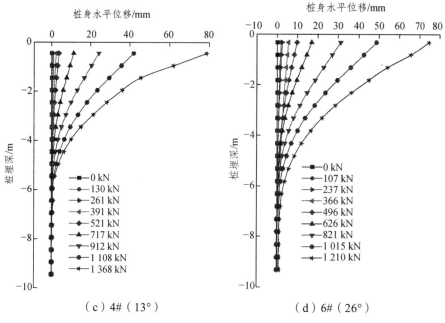

（c）4#（13°）　　　　　　　　（d）6#（26°）

图 4-1　基础（桩）位移-深度曲线

由图 4-1 可见，桩在水平荷载作用下有明显挠曲变形，桩身位移从上至下呈非线性减小，埋深超一定深度后，位移变化很小，桩底部为负值，表明基础（桩）在桩底附近出现了反向偏转，该反向偏转点约为 0.7（缓坡）~ 0.6（陡坡）倍的桩长深度。

12°~13°斜坡，荷载在 430 kN 以下时，桩身位移随深度近似线性减小，当荷载继续增大时，桩身的屈曲变形逐渐显现，屈曲反弯点在 0.7 倍埋深范围内，在屈曲点以下，桩身向桩后发生了微小转动。桩顶水平位移在 10 mm 时，桩顶荷载分别为 594 kN（12°）、625 kN（13°）；而当桩顶水平位移为 40 mm 时，桩顶荷载分别为 1 000 kN（12°）、1 050 kN（13°）

26°~30°斜坡，荷载在 300 kN 左右时，桩身位移随深度近似线性减小，当荷载继续增大时，桩身的屈曲变形逐渐显现，屈曲反弯点在 0.6 倍埋深范围内，在屈曲点以下，桩身向桩后发生了微小转动。桩顶水平位移在 10 mm 时，桩顶荷载分别为 489 kN（33°）、496 kN（26°）；而当桩顶水平位移为 40 mm 时，桩顶荷载分别为 905 kN（33°）、925 kN（26°）。

2. 桩顶位移

结合桩顶位移具体说明不同工况桩身变形的特点，如图 4-2 所示。

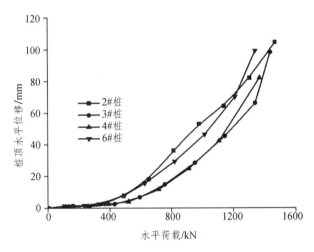

图 4-2　泥面位移和水平荷载关系曲线

取桩顶位移进一步分析，在不同坡度情况下，桩顶位移随着荷载的增大而增大，两者关系曲线近似呈下凹形式变化。桩顶的水平位移随着斜坡坡度的增加而减小，斜坡坡度每增加 15°，相同荷载下位移增大约 10%~30%，随着荷载的增加位移增大的比率越大。

12°~13°斜坡，荷载在 450 kN 左右时，荷载每增加 100 kN，桩顶位移相对前一级荷载增大约 0.3~0.5 mm。当荷载大于 450 kN 后，荷载每增加 100 kN，桩顶位移相对前一级荷载增加约 1~2 mm。此时，3#桩桩身左侧出现了一条斜裂缝，长约 65 cm，宽约 2 mm；4#桩在桩顶千斤顶的两侧产生了两条水平裂缝，后侧的裂缝一直延伸到反力墙处，长约 1.2 m，宽 5 mm，前侧的裂缝长约 0.6 m，宽 1~2 mm。此后，位移的增大幅度随着荷载的增大而增大，尤其是当桩顶荷载达到 1 000 kN 后，荷载每增加 100 kN，桩顶位移相对前一级荷载增加的量就已达到 4~5 mm，桩基础在千斤顶两侧的裂缝宽度达到 1.5 cm，同时在桩身左侧与加载方向成 45°角处出现了新的裂缝，长约 1 m、宽 3～5 mm，见表 4-2、表 4-3。

26°～30°斜坡，荷载小于 400 kN 时，荷载每增加 100 kN，桩顶位移相对前一级荷载增大约 0.2～0.4 mm。荷载超过 400 kN 后，荷载每增加 100 kN，桩顶位移相对前一级荷载增大约为 0.5～10 mm。此时桩身右侧均出现 2 条裂缝，长约 35 cm，宽约 1～3 mm。在桩身左侧出现 1 条裂缝，长约 30 cm，宽约 1～2 mm。此后，位移的增大幅度随着荷载的增大而增大，尤其是当桩顶荷载达到 1 000 kN 后，荷载每增加 100 kN，桩顶位移相对前一级荷载增加的量就已达到 4～5 mm，桩身后侧裂缝迅速扩张，最大宽度达到了 6～7 cm，参见表 4-1 和表 4-4。

4.1.3　桩身弯矩

桩身弯矩-深度曲线如图 4-3 所示。

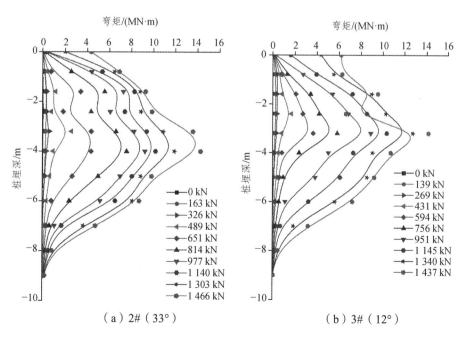

（a）2#（33°）　　　　　　　（b）3#（12°）

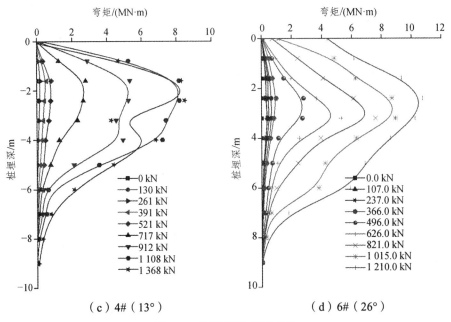

（c）4#（13°）　　　　　　　　（d）6#（26°）

图 4-3　桩身弯矩-深度曲线

由图 4-3 可见，桩身弯矩将呈现出两端大中间小的特点。随着水平荷载的增大，弯矩也逐渐增大，在水平作用荷载较小时，弯矩增大较慢，而当荷载超过一定量级时，弯矩值增加较快。

12°~13°斜坡：3#桩荷载超过 594 kN 后，由于桩周土体开始产生裂缝，对应的桩身弯矩在中上部位置开始加速变大；当加载到最后一级时，桩周土体完全破坏，可以明显看到最后一级荷载下埋深 3.2 m 处弯矩迅速增大，增大幅度约为 20%~30%。4#桩荷载超过桩周土体起裂荷载后，对应的桩身弯矩在中上部位置开始加速变大；当荷载加载到最后一级时，桩周土体完全破坏，桩顶产生裂缝，加荷结束时，桩身弯矩最大值达到 8.5 MN·m。

26°~33°斜坡：2#桩荷载大于 489 kN 后，由于桩周土体开始产生裂缝，此时桩身弯矩在中上部位置开始加速变大；当加载到最后一级时，桩周土体完全破坏，可以明显看到最后一级荷载下埋深 4 m 处弯矩迅速增大，增大幅度约为 25%。6#桩荷载大于土体起裂荷载后，桩身弯矩在埋深 2.4~7 m 位置处开始加速变大；桩周土体裂缝加速发展，此时桩身中部弯矩迅速增大，平均增大幅度约为 50%~60%。

4.1.4 土体水平抗力

据上节所述,我们选取了碎石土斜坡场地 4 根基础试验桩(桩号 2#、3#、4#、6#)的位移监测数据,分析了桩身变形及桩周土体裂缝扩展(变形)情况。本节着重根据土压力采集的数据分析土体抗力随深度的变化情况,绘制碎石土场地土体水平抗力-深度曲线,如图 4-4 所示。

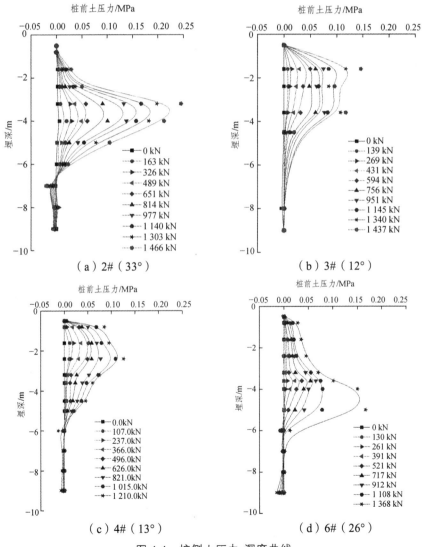

图 4-4 桩侧土压力-深度曲线

由图 4-4 可见：随着水平荷载的增加，桩前土体不断受到桩身挤压，使得桩前土压力产生正向变化，并且随着推力的增大而不断增大。但土抗力最大值位置几近不变，在桩埋深的中上部，约 2~5 m 埋深范围。斜坡坡度不同，其土体抗力的表现形式略有差异：

12°~13°斜坡，浅土层（0~3 m）随着桩身所受荷载增加土压力随之增大，为土压力主要变化范围，土压力最大值出现在距地面 2~4 m 处；土层在 3~6 m 时，由于深度相对较深，桩身所受到荷载的影响较小；在 7 m 处出现反弯点，桩底土压力随着桩身荷载增加而增大。

26°~33°斜坡，浅土层（0~3 m）随着桩身所受荷载增加土压力随之增大，在 2~4.5 m 段为土压力主要变化范围，土压力最大值出现在距地面约 4~4.5 m；4.5~6 m 土层由于深度较大，所以受到桩身荷载的影响较小；在 7 m 处出现反弯点，桩底土压力随着桩身荷载增加而增大。

4.1.5　桩-土应力-应变阶段分析

通过试验测试数据的初步分析可知，随着桩顶作用荷载增大，桩-土会进入不同的应力-应变阶段，以致土体水平抗力在不同的应力-应变阶段表现有所不同。为了明确土体抗力在结构水平推力作用下的分布模式，需要根据桩-土变形破坏情况、桩身内力等对桩-土应力-应变阶段进行划分，确定原则参见第 3.3 节。结合图 4-5 桩顶位移梯度曲线和桩周土体变形破坏的宏观特征，进行特征荷载统计，列于表 4-5。

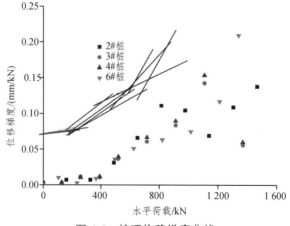

图 4-5　桩顶位移梯度曲线

表 4-5　各桩荷载试验结果统计

桩号	土体裂缝起裂荷载/kN	土体隆起失稳荷载/kN	桩身临界荷载/kN	桩身极限荷载/kN	桩身弯矩突变荷载/kN	
					增量30%	增量50%
2	489	1 140	400	1 140	489	1 140
3	594	1 145	476	1 300	594	1 145
4	717	1 108	420	920	717	1 108
6	366	1 015	406	1 200	366	1 015

　　统计得出：桩-土应力-应变阶段划分为三个阶段，即线性变形阶段、非线性变形阶段、加速变形阶段，见第 3 章。

　　（1）线性变形阶段，每级荷载作用下桩顶位移较小，随着荷载增大，桩顶位移近似线性增大，荷载每增加 50～100 kN，桩顶位移相对前一级荷载增大约 0.1～0.2 mm，桩身弯矩相较于前一级荷载增大约 10%～20%。此时，桩周土体无明显裂缝，但是越过此荷载后，桩周土体开始出现裂缝；对应的荷载为临界荷载，即桩顶荷载小于临界荷载时，桩-土处于线性变形阶段。

　　（2）非线性变形阶段，桩顶荷载在临界和极限荷载之间，荷载每增加 50～100 kN，桩顶位移相对前一级荷载增大约 0.5～10 mm，桩顶荷载与位移呈非线性变化。此时，桩身弯矩相比于前一级荷载增大幅度约为 30%。在此阶段桩周土体出现微裂缝数量增多和尺寸增大现象。

　　（3）加速变形阶段，桩顶荷载进入极限荷载后阶段，在相同荷载增量条件下，桩顶位移相对前一级荷载增大约 2 cm，位移随荷载呈加速增大的趋势。此时桩身弯矩也急剧变化，较前一级荷载增大幅度约为 50%。进入本阶段后，土体内裂缝出现了质的变化，桩后土体与桩分离；裂隙发展速度随荷载逐级加快，裂缝向着桩前一定夹角方向延伸，但未贯通，桩前土体稍有隆起。在荷载达到极限荷载时，桩周土体裂隙明显扩展，桩前土体明显隆起，地基土体处于失稳边缘，继续加载，土体整体趋于失稳。此时，桩顶荷载大于极限荷载。

4.2 不同坡度下室内模型试验结果分析

现场试验由于受到试验环境的影响，仅仅开展了 2 种坡度的试验研究，坡度的覆盖范围有限。为了探明不同的斜坡坡度下土体水平抗力的变化特征，以现场试验为原型，通过相似理论设计不同坡度下的室内模型试验，试验坡度为 0°、15°、30°、45°共 4 种，试验桩基为边长 0.1 m、桩长 1 m 的方桩，通过布设桩顶百分表、桩身应变片、桩侧土压力盒来收集桩顶位移、桩身弯矩、桩侧土压力，进而探讨不同斜坡坡度土体水平抗力分布规律。模型试验的安装过程及监测元件布设的准则参见第 2 章相关章节。

4.2.1 桩周土体破坏过程

0°坡模型试验桩（1#）桩周土体变形破坏情况及相对应的桩周土体裂缝发展手绘素描图，如图 4-6 所示。

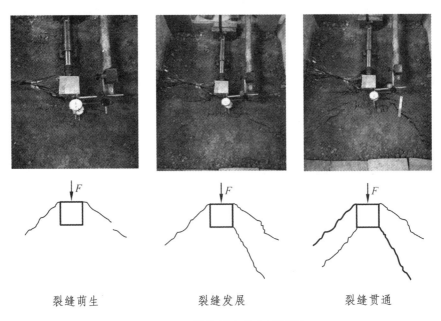

裂缝萌生　　　　　　裂缝发展　　　　　　裂缝贯通

图 4-6　0°坡桩周土体变形过程

如图 4-6 所示，碎石土场地坡度为 0°时，水平荷载从 0 kN 增加在 5.5 kN，桩身变形小，桩周土体无肉眼可见裂缝；荷载超过 5.5 kN 后，桩右后侧、左侧土体分别出现一条细小裂隙，两条裂缝基本平行。而后，在桩左前侧沿桩角向外产生一条明显的裂缝，同时坡面土体出现多条微小裂隙。荷载增大至 8.5 kN 后，桩右前侧出现裂缝，向外延伸，裂缝张开宽度达到 1.5 cm。

15°坡模型试验桩（2 号）桩周土体变形破坏情况及相对应的桩周土体裂缝发展手绘素描图，如图 4-7 所示。

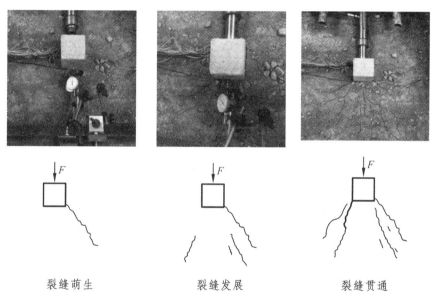

裂缝萌生　　　　　　裂缝发展　　　　　　裂缝贯通

图 4-7　15°坡桩周土体变形过程

如图 4-7 所示，碎石土场地坡度为 15°时，水平荷载从 0 kN 增加至 4 kN，桩身变形小，桩周土体无肉眼可见裂缝；荷载超过 4 kN 后，裂缝出现顺序为桩前左侧沿桩边向外—桩前坡面，桩前左右裂缝基本对称。水平荷载为 7 kN 时，左右两侧裂缝贯通，宽度约为 1 cm，裂缝之间出现数条微裂缝，均平行于主裂缝，裂缝宽度随荷载也在逐渐增加，随后桩前土体隆起，最后土体完全破坏。

30°坡模型试验桩（3 号）桩周土体变形破坏情况及相对应的桩周土体裂缝发展手绘素描图，如图 4-8 所示。

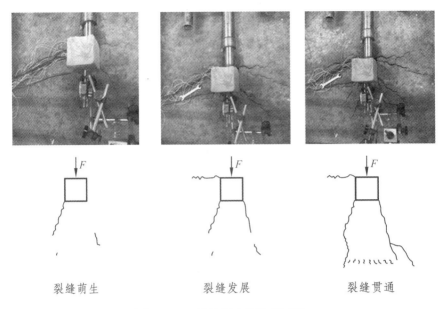

裂缝萌生　　　　　　　　裂缝发展　　　　　　　　裂缝贯通

图 4-8　30°坡桩周土体破坏过程

如图 4-8 所示，碎石土场地坡度为 30°时，水平荷载从 0 kN 增加 2.5 kN，桩身变形小，桩周土体无肉眼可见裂缝；荷载超过 2.5 kN 后，裂缝出现顺序为较小范围内微小裂隙—桩前右侧平行桩基的裂缝。当荷载为 5 kN 时，桩前左、右侧沿桩边向外出现几乎垂直于加载方向的水平短裂缝，随荷载增加裂缝贯通，坡面处出现几乎水平向的剪出裂缝，此裂缝与桩身之间土体部分出现隆起。

45°坡模型试验桩（4 号）桩周土体变形破坏情况及相对应的桩周土体裂缝发展手绘素描图，如图 4-9 所示。

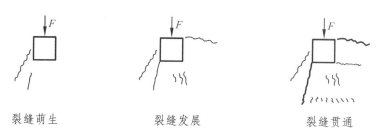

裂缝萌生   裂缝发展   裂缝贯通

图 4-9 45°坡桩周土体破坏过程

如图 4-9 所示,碎石土场地坡度为 45°时,水平荷载从 0 kN 增加至 1.15 kN,桩身变形小,桩周土体未有明显肉眼可见裂缝;荷载超过 1.15 kN 后,右侧桩身向桩脚外有微裂缝出现。随荷载增大,裂缝宽度增加,桩身左后侧出现的裂缝均与加载方向垂直。荷载为 3.6 kN 后,桩前侧出现与桩后裂缝近于平行的裂缝,此时裂缝宽度达 1 cm,桩前距桩约 2 ~ 2.5 倍桩径距离处出现几乎垂直于加载方向即水平向的剪出裂缝,此裂缝至桩身之间部分土体出现隆起。

综合试验的结果可知,桩顶承受水平荷载时,桩身变形进而挤压桩周土体,使得桩周土体不同位置发生不同的变形。根据以上不同坡度单桩水平荷载模型试验的桩周土裂缝及发展情况,我们认为桩周土体裂缝主要有三种:桩前两侧的剪裂缝、桩后的张裂缝、坡前的剪胀裂缝。

按第 4.1.1 节所述,统计单桩水平荷载模型试验 0°、15°、30°、45°坡桩前水平扩散角 α,分别为 31°、23°、16.7°、12.7°。作出 4 种坡度下水平受荷单桩桩前土体水平扩散角 α 随坡度 θ 的变化关系曲线,如图 4-10 所示。

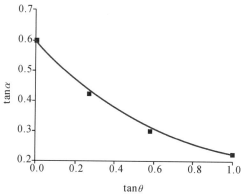

图 4-10 水平扩散角 α 随坡度的关系曲线

由图 4-10 可得，土体水平扩散角与坡度成反比，坡度每增大 15°，水平扩散角平均减小约 25%。桩-土水平作用体系中桩前扩散角减小，将直接导致桩计算宽度减小，说明发挥抵抗桩身水平挤压作用的土体范围减小。

4.2.2 桩顶位移

模型试验中桩顶位移-荷载曲线，如图 4-11 所示。

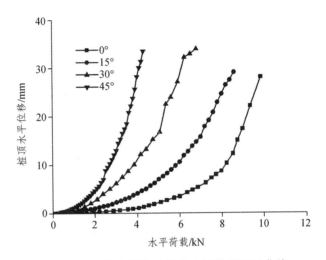

图 4-11 不同坡度桩顶位移-水平荷载关系曲线

由图 4-11 可见：

0°坡，随荷载增加，桩顶位移增加。荷载小于 5.5 kN 时，荷载每增加 0.3 ~ 0.5 kN，位移相对前一级荷载增大约 0.2 ~ 0.4 mm。荷载在 5.5 ~ 6.3 kN 时，荷载每增加 0.3 ~ 0.5 kN，位移相对前一级荷载增大约 0.5 ~ 10 mm。荷载增加至 6.3 kN 后，在相同荷载增量条件下，位移相对前一级荷载增大约为 2 cm。

15°坡，随荷载增加，桩顶位移增加。荷载小于 4 kN 时，荷载每增加 0.3 ~ 0.5 kN，位移相对前一级荷载增大约 0.2 ~ 0.4 mm。荷载在 4 ~ 6.2 kN 时，荷载每增加 0.3 ~ 0.5 kN，位移相对前一级荷载增大约 0.5 ~ 10 mm。荷载增加至 6.2 kN 后，在相同荷载增量条件下，位移相对前一级荷载增大约为 2 cm。

30°坡，随荷载增加，桩顶位移增加。荷载小于 2.14 kN 时，荷载每增加

0.3～0.5 kN，位移相对前一级荷载增大约 0.2～0.4 mm。荷载在 2.14～4.82 kN 时，荷载每增加 0.3～0.5 kN，位移相对前一级荷载增大约 0.5～10 mm。荷载增加至 4.82 kN 后，在相同荷载增量条件下，位移相对前一级荷载增大约为 2 cm。

45°坡，随荷载增加，桩顶位移增加。荷载小于 1.15 kN 时，荷载每增加 0.3～0.5 kN，位移相对前一级荷载增大约 0.2～0.4 mm。荷载在 1.15～1.48 kN 时，荷载每增加 0.3～0.5 kN，位移相对前一级荷载增大约 0.5～10 mm。荷载增加至 1.48 kN 后，在相同荷载增量条件下，位移相对前一级荷载增大约为 2 cm；后期荷载（如 1.92 kN 以后）时，在相同荷载增量条件下，位移相对前一级荷载增大约 4 cm，此时桩周围土体破坏。

4.2.3　桩身弯矩

4 种坡度下，桩身弯矩随深度的变化曲线如图 4-12 所示。

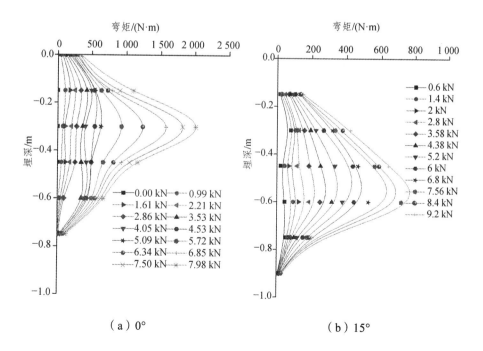

（a）0°　　　　　　　　　　　　（b）15°

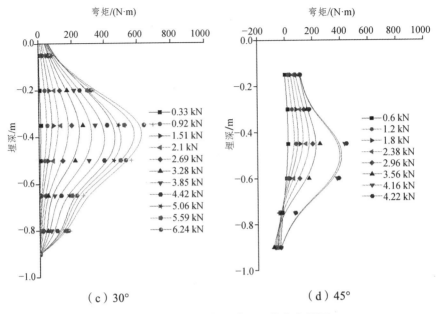

图 4-12　不同石膏含量碎石土桩身弯矩图

由图 4-12 可见：

0°斜坡，桩顶荷载小于 2.21 kN 时，荷载每增加 0.3 ~ 0.5 kN，桩身弯矩相对前一级荷载增大约 20 ~ 50 N·m。当荷载大于 2.21 kN 后，荷载每增加 0.5 kN，桩身弯矩相对前一级荷载增加约 50 ~ 100 N·m；后期荷载时，增量变至 300 N·m 左右。

15°斜坡，当桩顶施加的荷载小于 3.58 kN 时，桩身弯矩将呈现出两端大中间小的特点。当荷载值超过 3.58 kN 时，桩身中部弯矩随桩顶荷载增加而增加，两端弯矩值增加速度变缓。当荷载超过 6.2 kN 时，中部弯矩进入加速增加阶段，增加幅度明显加快，荷载每增加 0.5 kN，桩身弯矩相对前一级荷载增加约 50 ~ 100 N·m。

30°斜坡，当桩顶施加的荷载小于 2 kN 时，桩身弯矩将呈现出两端大中间小的特点。当荷载值超过 2.5 kN 时，桩身中部弯矩随桩顶荷载增加而增加，两端弯矩值增加速度变缓。当荷载超过 4 kN 时，中部弯矩进入加速增加阶段，增加幅度明显加快，桩身弯矩相对前一级荷载增加约 50 ~ 100 N·m。

45°斜坡，桩身中部弯矩随桩顶荷载增加而增加，两端弯矩值增加速度变缓，桩身中部弯矩近乎匀速增加。当荷载超过 2 kN 时，中部弯矩进入加速增加阶段，增加幅度明显加快。

4.2.4　土体水平抗力

4 种坡度下，桩各级水平荷载作用下土压力的大小，如图 4-13 所示。

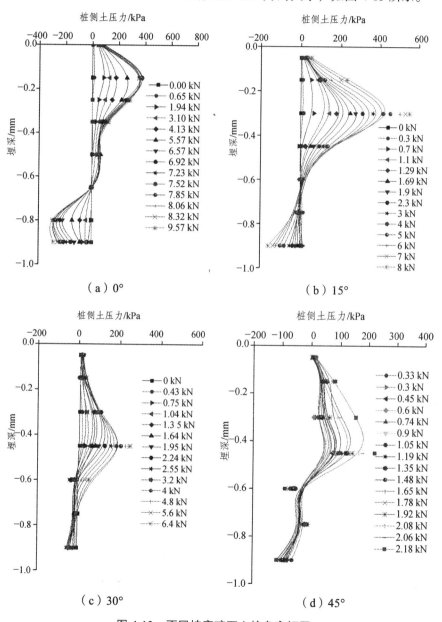

图 4-13　不同坡度碎石土桩身弯矩图

由图 4-13 可见：

0°斜坡，土体抗力最大值发生 0～0.3 m 桩埋深处，说明此密实度土体的土体抗力在水平推力作用下，主要作用在该深度。

15°斜坡，浅土层（0～0.6 m）随着桩身所受荷载增加土压力随之增大，在 0.25～0.6 m 段为土压力主要变化段，土压力最大值出现在距地面 0.35 m 处，当荷载值为 4.3 kN 时土压力值达到 560 kPa。土层在 0.6～1.0 m 时，由于深度较大，所以受到桩身荷载的影响较小，在 0.7 m 处出现反弯点，桩底土压力随着桩身荷载增加而增大，当荷载值为 4.3 kN 时，桩底土压力值达到 180 kPa。

30°斜坡，浅土层（0～0.6 m）随着桩身所受荷载增加土压力随之增大，在 0.3～0.5 m 段为土压力主要变化段，土压力最大值出现在距地面 0.4 m 左右，当荷载值为 6.2 kN 时土压力值达到 110 kPa。深土层（0.6～1.0 m）由于深度较大，所以受到桩身荷载的影响较小，在 0.7 m 处出现反弯点，桩底土压力随着桩身荷载增加而增大，桩底土压力值在加载结束后约为 60 kPa。

45°斜坡，浅土层（0～0.6 m）随着桩身所受荷载增加土压力随之增大，在 0.3～0.5 m 段为土压力主要变化段，土压力最大值出现在距地面 0.4～0.45 m 处，当荷载值为 2.06 kN 时土压力值达到 180 kPa。深土层（0.6～1.0 m）由于坡度影响，桩底距地表距离变小，所以桩底附近土压力受到桩身荷载的影响开始变大，在 0.7 m 处出现反弯点，桩底土压力随着桩身荷载增加而增大，当荷载值为 2.18 kN 时，桩底土压力值达到 100 kPa。

总体来说，土体抗力随深度增加呈上下小中间大的凸形。土体抗力在地表附近土压力较小，随着深度的增加，土体抗力逐渐增大，在 0.3～0.5 倍桩埋深附近达到最大值，达到最大值后逐渐减小。

4.2.5　桩-土应力-应变阶段分析

通过试验测试数据的初步分析可知，随着桩顶作用荷载增大，桩-土体系会进入不同的应力-应变阶段，以致土体水平抗力在不同的应力-应变阶段表现有所不同。为了明确土体抗力在结构水平推力作用下的分布模式，需要根据桩-土变形破坏情况、桩身内力等对桩-土应力-应变阶段进行划分，确定原则参见第 3.4 节。

综合桩顶位移梯度-荷载曲线（图 4-14）、桩周土体变形情况及桩身弯矩在各级荷载下变化情况，对桩-土应力-应变的阶段进行划分，结果见表 4-6。

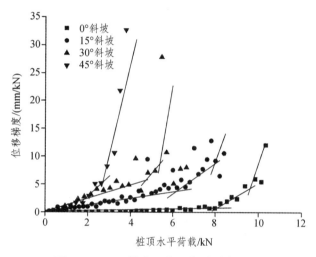

图 4-14　不同坡度下桩顶位移梯度曲线

综合可得：

（1）线性变形阶段，每级荷载作用下桩顶位移较小，随着荷载增大桩顶位移近似线性增大，荷载每增加 0.3 ~ 0.5 kN，桩顶位移相对前一级荷载增大约 0.2 ~ 0.4 mm。此时，桩周土体无明显裂缝，但是越过此荷载后，桩周土体开始出现裂缝；对应的荷载为临界荷载，即桩顶荷载小于临界荷载时，桩-土处于线性变形阶段。

（2）非线性变形阶段，桩顶荷载在临界和极限荷载之间，荷载每增加 0.3 ~ 0.5 kN，桩顶位移相对前一级荷载增大约 0.5 ~ 10 mm，桩顶荷载与位移呈非线性变化关系。在此阶段桩周土体出现微裂缝数量增多和尺寸增大现象，当某一级荷载保持不变时，裂缝发展也几近停止。

（3）加速变形阶段，桩顶荷载进入极限荷载后阶段，在相同荷载增量条件下，桩顶位移相对前一级荷载增大约 2 cm，位移随荷载呈加速增大的趋势。

土体内裂缝出现了质的变化，桩后土体与桩分离；裂隙发展迅速且随荷载逐级加快，裂缝向着桩前一定夹角方向延伸，此时并未贯通，桩前土体稍有隆起。在荷载达到极限荷载时，桩前土体明显隆起，地基土体处于失稳边缘，继续加载，土体整体趋于失稳。此时，桩顶荷载大于极限荷载。

表 4-6　各桩荷载试验结果统计

坡度/(°)	土体裂缝起裂荷载/kN	起裂荷载对应裂缝素描图	土体隆起失稳荷载/kN	失稳荷载对应裂缝素描图	桩身临界荷载/kN	桩身极限荷载/kN	桩身弯矩突变荷载 kN	
							增量30%	增量50%
0	5.5		8.5		5.5	6.3	5.5	8.5
15	4		7		4	6.2	3.58	6.2
30	2.5		5		2.14	4.82	2	4
45	1.15		3.6		1.15	1.92	1.15	2.2

4.3　不同坡度土体水平抗力时间分布规律

桩-土应力-应变的不同阶段，必然会造成土体水平抗力的表现形式及量级上的差异，从而影响土体抗力分布特点，通过探讨土体水平抗力随深度的变化可以获得抗力分布的基本规律，而通过探讨土体水平抗力随位移的变化可以确定不同深度土体抗力随时间的走势，量化土体抗力在各个阶段的贡献量（即大小）。

4.3.1　坡度对土体抗力随深度分布影响

各试验桩土体抗力在不同阶段随深度的变化已在前述章节做了详细说明，本节仅仅对比坡度不同时，统计不同荷载等级作用下室内外模型试验土压力的监测结果，以上述确定的桩-土应力-应变阶段为准，绘制三种状态下土体水平抗力随深度的分布曲线。

1. 现场试验不同应力-应变阶段土体抗力-深度关系

对比分析不同坡度不同阶段（线性变形阶段、非线性变形阶段和加速变形阶段）土体水平抗力的异同，通过绘制不同阶段土体抗力-深度曲线进行说明，如图 4-15 所示。

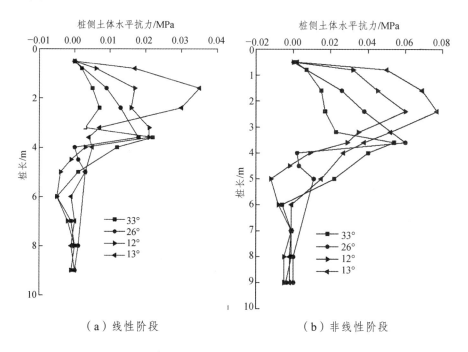

（a）线性阶段　　　　　　　　　（b）非线性阶段

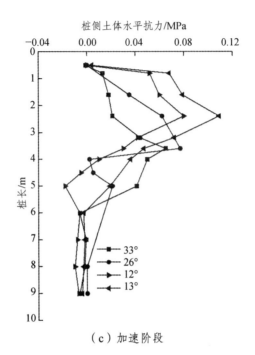

（c）加速阶段

图 4-15　不同荷载等级下土体水平抗力随深度分布曲线（现场试验）

由图 4-15 可见：

桩-土应力-应变不同阶段，桩周土体水平抗力随深度的变化规律基本一致，阶段不同，土体水平抗力量值上存在差异。

（1）线性变形阶段［图 4-15（a）］，不同坡度下，土体抗力随深度增加均呈上下小中间大的凸形，在坡面处土体抗力较小，随深度逐渐增大，到埋深 6 m 处土体抗力达到极小值（约为 0 kPa），然后土体抗力在桩后逐渐增大，从 0 值点到桩底逐渐增大。

（2）非线性变形阶段［图 4-15（b）］，土体抗力随深度变化情况与线性变形阶段近似。只是土体抗力量值要较前一阶段大，坡度在 12°～13°时最大土体抗力约为 0.06～0.08 MPa，坡度在 26°～13°时最大土体抗力接近 0.06 MPa。

（3）加速变形阶段［图 4-15（c）］，土体抗力随深度的变化未发生明显变化，而此时 12°~13° 坡度土体抗力随荷载的增大持续增大，坡度 26°~13° 土体抗力增大的幅度不甚明显。说明此时，陡坡土体抗力达到了其极限状态，缓坡的土体抗力还可以继续发挥。

对比三图，可见，桩侧土压力随桩深近似呈上下小中间大的凸形。土抗力在浅层（2~3 m）表现出随深度呈波动增大的特点，达到土体抗力最大值深度后（深度在 3~5 m 埋深），开始减小，在桩身变形挠曲反弯点附近达到极小值，如若桩在反弯点下段发生向桩后的转动，则该深度以下桩基的反向变形致使桩基遭受来自桩后土体的抗力作用，大致为 0.6~0.7 倍桩埋深，桩底附近桩前土压力变化波动较小。

同时，从图中可见，在非线性阶段浅层土体先达到极限抗力状态，随后随着桩-土应力-应变的进一步转化，中等埋深和深埋土体逐渐进入极限土体抗力状态。

2. 室内试验不同应力-应变阶段土体抗力-深度关系

室内试验不同应力-应变阶段土体抗力-深度关系如图 4-16 所示。

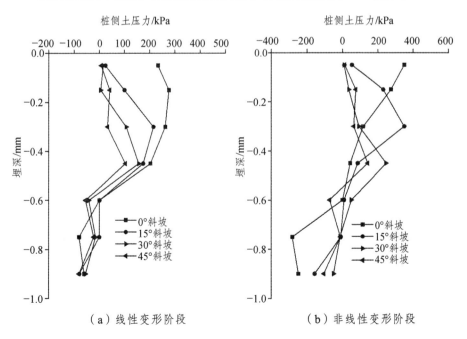

（a）线性变形阶段　　　　　（b）非线性变形阶段

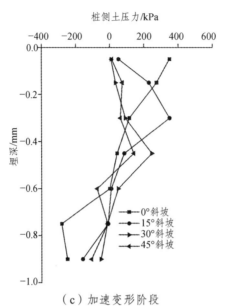

（c）加速变形阶段

图 4-16　不同荷载等级下土体水平抗力随深度分布曲线

（1）线性变形阶段［图 4-16（a）］，在不同坡度下，土体抗力随深度增加均呈上下小中间大的凸形，在坡面处土体抗力较小，随深度逐渐增大，到埋深 0.6 m 处土体抗力达到极小值（约为 0 kPa），然后土体抗力在桩后逐渐增大，从 0 值点到桩底逐渐增大。

（2）非线性变形阶段［图 4-16（b）］，土体抗力随深度变化情况与线性变形阶段近似。只是土体抗力量值要较前一阶段大，四种坡度下最大土体抗力分别约为 100 kPa、200 kPa、300 kPa 和 400 kPa。

（3）加速变形阶段［图 4-16（c）］，土体抗力随深度的变化未发生明显变化，而此时土体抗力在量值上与前一阶段相比，增大的幅度不甚明显，可以对比图（b）和图（c），不难发现，当桩-土进入非线性变形阶段后，不同坡度下土体抗力的最大值近似不随荷载的增大而增大。

对比三图，可见，桩-土应力-应变不同阶段，土体发挥抗力的限度以及所能提供的抗力的效益是有所差异的。在非线性阶段后，近坡面一定深度内（约 0.2～0.5 m 埋深）土体抗力近似不再增大，而在 0.2～0.5 m 埋深以下，土体抗力仍在持续增大，直至进入加速阶段。

随斜坡坡度增加，桩侧土压力最大值出现的位置向桩底方向偏移。15°、

30°、45°斜坡土压力最大值出现的位置分别为 0.3 m、0.35 m、0.4 m 范围。同时，相同外荷载作用下桩前最大土压力值随坡度的增大而减小。坡度每增加 15°，相同荷载作用下桩前土压力变化最大值减小约 33%～40%。

4.3.2　坡度对土体抗力-位移关系影响

根据第 3 章所得结论，土体抗力表征指标地基初始模量、土体极限抗力亦能反映桩-土应力-应变不同阶段土体抗力的情况，绘制不同深度的桩身位移-土体抗力曲线，来进一步分析坡度对土体抗力表征参数的影响。因桩身位移、桩侧土体抗力变化明显段主要集中在桩身上部，约 0.5～0.6 倍桩埋深范围，故绘制该深度范围内曲线进行分析。

1. 现场试验土体抗力-位移关系

桩前不同深度土压力随荷载变化曲线如图 4-17 所示，不同工况桩基监测数据的质量参差不齐，取相对较好的数据进行分析，大致深度为 1 m、3 m、5 m、7 m。

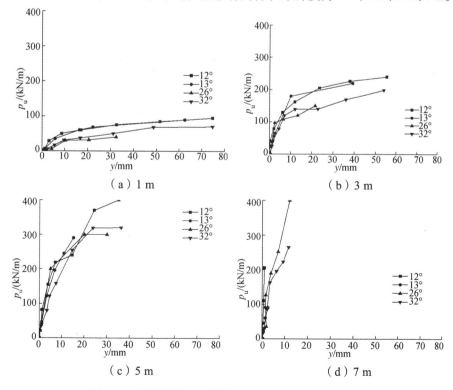

图 4-17　现场试验 p-y 曲线（1 m、3 m、5 m、7 m）

从图 4-17 中可见，桩身位移与桩侧土体抗力呈正比、双曲线关系变化。如前研究结论，可以肯定地基初始弹性模量是反映桩-土线性变形阶段进展速率的参数；土体极限抗力是确定桩-土应力-应变关系是否进入加速变形阶段的指标，如桩-土进入加速变形阶段，土体极限抗力则随荷载或桩身位移的增大呈近似不变的关系。故而需要明确不同土类中两种参数的变化规律。

参考图 4-17，统计不同坡度同一深度 p-y 曲线的相关参数，并对不同坡度、不同深度曲线的表征参数土体极限抗力和地基反力模量列表对比说明，见表 4-7。

表 4-7　p-y 曲线表征参数统计

桩号	桩单位面积上土体抗力/（N/mm）				地基初始反力模量/（N/mm³）			
	1 m	2 m	3 m	5 m	1 m	2 m	3 m	5 m
2	70	160	380	>380	5	18	15	18
3	100	250	500	>500	8	20	30	32
4	100	230	500	>500	8	21	30	31
6	60	200	400	>400	6	12	15	16

可以得到，k_{ini} 和 p_u 均随桩深增加而近似增大，随斜坡坡度的增加而减小，说明斜坡坡度越陡，桩侧土体极限抗力越低。对不同坡度下桩埋深 2 m处 p-y 曲线特征值对比得出，30°坡桩侧极限土体抗力较 15°坡小 15%，45°坡则较 30°坡小 30%。这种影响随埋深增加而减小，尤其深度超过 4～5 倍桩径后，影响微乎其微。各坡度、深度桩身位移与土体抗力之间关系大致相同。

2. 室内试验土体抗力-位移关系

同理，室内试验取约为 0.5 倍桩埋深范围数据，绘制该深度范围内曲线进行分析。桩前不同深度（0.15 m、0.25 m、0.45 m）土压力随荷载变化关系及表征参数统计表见表 4-8。

表 4-8　土体压力参数统计

深度	0°		15°		30°		45°		土压力-位移曲线
	k_{ini}	p_u	k_{ini}	p_u	k_{ini}	p_u	k_{ini}	p_u	
0.15 m	9.5	40	4.8	30	2.99	20	1.66	8	
0.25 m	17.7	146	12.4	103	5.75	45	4.32	25	
0.4 m	26	200	19.7	150	7.56	100	6.61	30	
0.5 m	34.3	254	27	197	9.37	155	8.9	35	0.4 m 埋深以下，仅将统计结果列于表内
0.7 m	42.6	308	39	299	37	300	37	250	
0.85 m	50.9	362	48	360	50	360	50	360	
1 m	59.2	416	57	415	57	415	57	410	

从表 4-8 中可见，桩身位移与桩侧土体抗力呈正比关系变化，但达到一定数值后有趋于稳定的趋势，即桩侧土体抗力并不随位移增大而明显增大，*p-y* 曲线变化趋势大致呈双曲线变化的特点。在非线性阶段浅层土体先达到极限抗力状态，随后随着桩-土应力-应变的进一步转化，中等埋深和深埋土体逐渐进入极限土体抗力状态。

4.3.3 不同坡度土体抗力时间分布规律的认识

通过室内外水平桩基静荷载试验的分析可知：

（1）土体水平扩散角与坡度成反比。坡度每增大 15°，水平扩散角平均减小约 25%。桩-土水平作用体系中桩前扩散角减小，将直接导致桩计算宽度减小，说明发挥抵抗桩身水平挤压作用的土体范围减小；斜坡坡度为 0°、15°、30°、45°时，坡桩前水平扩散角 α 分别为 31°、23°、16.7°、12.7°。

（2）桩-土处于不同应力-应变阶段，碎石土土体水平抗力在地表附近较小，随着深度的增加，土体抗力逐渐增大，在 0.3 ~ 0.5 倍桩埋深附近达到最大值，该阶段土压力波动变化比较明显，达到最大值后逐渐减小，在基础埋深一定深度附近达到极小值（土体抗力零点），随后在桩后向桩底土方向土体抗力线性增大。

各应力-应变阶段的不同之处在于土体抗力的量值，尤其是最大土体抗力及其抗力发生的范围，后一阶段土体抗力较前一阶段大，作用范围也宽。尽管斜坡坡度不同，土体抗力随深度变化均可分为两个阶段：

① 土体抗力零点上段，土抗力随深度先近似线性增大，达到抗力最大值后向深处逐渐减小。桩-土的线性变形阶段，土体抗力较小，随着荷载进一步增大，土体抗力逐渐增大，当变形进入加速阶段，上部一定深度内桩基的抗力最大值随荷载增大其变化幅度减小，有趋于稳定的趋势，该深度随着桩-土应力-应变的进一步转变而加深。

② 土体抗力零点下段，由于基础（桩）发生挠曲（或转动）变形，桩后土体给予桩基一定抗力，该阶段土体抗力在土体抗力零点以下至桩底近似呈线性增大的态势，在桩底达到抗力极大值点。桩-土的线性变形阶段，土体抗

力较小，随着变形阶段的进一步发生，土体抗力逐渐增大，有趋于稳定变化的趋势。

（3）斜坡坡度不同，桩身位移与桩侧土体抗力呈正比、双曲线关系变化。曲线初始段斜率（地基初始弹性模量）和桩侧极限土体抗力均随桩深增加而增大，且近似线性增大。其中，地基初始弹性模量是反映桩-土线性变形阶段土体抗力发生速率的参数，土体极限抗力是确定桩-土应力-应变关系是否进入加速变形阶段的指标。

p-y 曲线初始刚度（k_{ini}，即曲线初始斜率）和桩侧极限土体抗力（p_u）均随桩深增加而增大，随斜坡坡度的增加而减小，说明斜坡坡度越陡，桩侧土体极限抗力越低。对不同坡度下桩埋深 0.25 m 处 p-y 曲线特征值对比得出，30°坡桩侧极限土体抗力较 15°坡小 30%，45°坡则较 30°坡小 50%。这种影响随埋深增加而减小，尤其深度超过 4~5 倍桩径后，影响微乎其微。各坡度、深度桩身位移与土体抗力之间关系大致相同。

4.4　不同坡度土体抗力表征指标确定

现场试验由于受到试验环境的影响，导致监测数据的完整性并不良好，同时现场试验仅仅开展了两种坡度的试验研究，坡度的覆盖范围有限。为了探明不同的斜坡坡度下土体抗力表征指标的取值，本节以室内试验数据为基准进行分析，并通过现场试验的数据进行验证分析。

4.4.1　地基土体初始模量 k_{ini}

土的初始地基反力模量根据其定义取为现场试验 p-y 曲线初始直线段的斜率（最大土体抗力及与之相对应的位移之比）。本次试验如果仅根据地表数据计算 k_{ini} 会错估土体内部变形及土体刚度，数据错估程度会随着深度增加而增大。同时，从前述两章分析中可知，曲线初始斜率 k_{ini} 随桩深的增加是逐渐增大的，深度 z 亦对 k_{ini} 值有显著影响。水平场地 p-y 曲线地基土体初始模量 k_{i0} 的计算与桩周土体强度参数关系明显，针对模型试验和数值试验所得的试验结果，观测计算得到了桩长为 1 m，桩径为 0.1 m 的桩基础在坡度为

0°、15°、30°和45°时 $p\text{-}y$ 曲线地基土体初始模量，其值与水平场地测试、计算的结果进行对比，对比结果如图4-18所示。

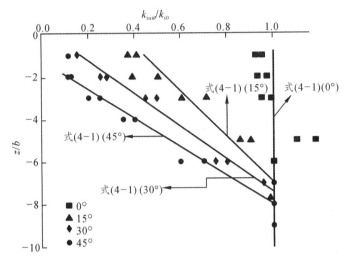

图4-18　坡度 β 对地基土体初始模量 k_{ini} 影响

由图4-18可见，坡度 θ 对地基土体初始模量的 k_{ini} 影响大致表示为公式（4-1）。当桩埋深超过 0.6～0.7 倍桩埋深后，坡度对碎石土 $p\text{-}y$ 曲线地基土体初始模量 k_{ini} 几乎没有影响，其值与水平场地测试、计算结果大致相当。在坡面至 0.7 倍桩埋深范围内，$k_{ini\theta}/k_{i0}$ 比值随深度近似线性递减，该影响的程度随坡度的增大而增大。$k_{ini\theta}/k_{i0}$ 与斜坡坡度 θ 的关系如式（4-1）。

$$\vartheta = \frac{k_{ini\theta}}{k_{ini}|\theta=0°} = \frac{z}{5b} \times (1+\cos\theta) \times \frac{1}{1+\tan\theta} \qquad (4\text{-}1)$$

4.4.2　地基极限土体抗力 p_u

同理，对试验中获得的不同坡度下桩侧土体极限抗力与水平场地下桩侧土体极限抗力进行对比，得出坡度 θ 对桩侧土体抗力的影响情况如图4-19所示。

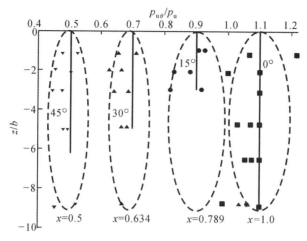

图 4-19　坡度 θ 对桩侧土体抗力 p_u 的影响

由图 4-19 可见，每一坡度下的 $p_{u\theta}$ 与水平场地下 p_u 比值近似为常数（在一定深度范围以上），该比值与桩深关系并不明显，仅与斜坡坡度有关。坡度为 0°、15°、30° 和 45°时，其比值分别为 1、0.789、0.634 和 0.5，大致如公式（4-2）所示。

$$N_{SCC} = \frac{p_{u\theta}}{p_u} = \frac{1}{1 + \tan\theta} \qquad (4\text{-}2)$$

则斜坡场地土体极限抗力计算式为：

$$\begin{cases} p_{u\theta} = \dfrac{1}{1 + \tan\theta} \cdot p_u \, (z < h) \\ p_u \, (z \geqslant h) \end{cases}$$

由图 4-19 可见，不同坡度下土体抗力与水平场地土体抗力比值近似为 1 的深度分别在 3 m、5 m、6 m 左右的范围，说明该深度以上由于桩前斜坡坡度的影响，桩侧土体抵抗桩身变形的能力有所削弱，即所谓的斜坡效应存在后，土体不能提供与水平场地（半无限空间）一样大小的土体抗力。此时在设计结构时，其水平抗力可以按上述公式进行折减；或为了安全度的考虑可以对此深度以上的土体抗力不予考虑，而对该深度以下的土体抗力可按水平场地的情况考虑。综合认为此范围是土体抗力失效范围，斜坡场地土体抗力最大值深度以土体抗力最大值深度计至桩顶，大致为（2~5）b（b为桩径）埋深，如图 4-20。

4.4.3　水平抗力系数确定

地基初始反力模量为抗力-位移曲线线性变化结束点的力与位移的比值。在一定的位移控制之内（1.5~3 mm），地基初始反力模量可定义为土体抗力系数。当土体抗力系数随深度上的分布近似线性增大时，对碎石土场地可采用 m 法进行估算。相关规范和文献（王建立

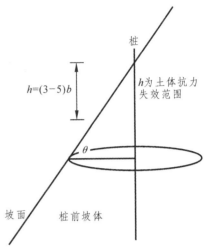

图 4-20　土体抗力最大值范围示意图

等，2007；劳伟康等，2008；吴峰等，2009；戚春香等，2009；范秋雁等，2011）认为，确定桩身临界荷载及其对应的桩身位移，应采用经验公式（3-2）来获取地面以下 2（b+1）m 范围内的综合 m 值。桩身临界荷载根据试桩的泥面位移和荷载关系曲线如图 4-21 所示。

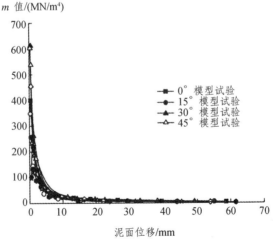

图 4-21　m 值与泥面位移关系曲线

由图 4-21 可见，碎石土地基其泥面处位移 y_0 为 1.5 ~ 3 mm 的 m 值为
100 ~ 300 MN/m⁴。同时，各桩的 m 值在泥面处位移 y_0 约为 3 mm 时明显较规
范建议值降低很多，其中一个很重要的原因是斜坡坡度的影响，此情况在实
际工程设计中难以把握。在这问题上，有必要对不同位移情况下的试桩资料，
根据 m 值和泥面处位移 y_0 的关系，统计分析出在斜坡碎石土场地条件下对应
于某一位移的 m 取值范围，为工程设计提供依据。m 值与桩身泥面处位移两
者成幂函数的衰减关系。

根据实测资料，反算桩在各级荷载作用下的 m 值，对收集的 4 根桩（模
型试验 4 根）数据进行曲线拟合，根据曲线确定水平承载桩泥面处水平位移
与 m 值的关系为幂函数关系，其表达式为：

$$m = C_m \cdot \left(\frac{y_0}{b} \cdot 1\ 000 \right)^k \qquad\qquad (4\text{-}3)$$

式中：b 为桩径；y_0/b 为土应变比值，C_m 与 m 单位一致，表述为单位应变量
所对应的 m 值。

1. k 值的确定

每次试验，每根试桩均可得到对应的 k_1，k_2，$\cdots$，k_4，系数 k 决定 m 值
随泥面位移衰减的程度，与土性有直接关系。此处仅分析不同情况桩基础的
指数 k 的数值区间（图 4-22），不同桩周坡度的桩基，其 k 值在 $-0.8 \sim -1$
之间变化，可采用常数拟合。

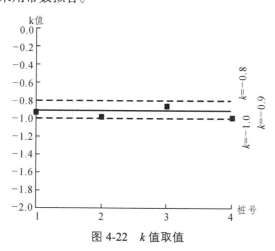

图 4-22　k 值取值

由图 4-22 可见，对于碎石土土类而言，k 值取其平均值 -0.9 较为适宜，因此式（4-3）可改写为公式（4-4）：

$$m = C_m \cdot \left(\frac{y_0}{b} \cdot 1\,000 \right)^{-0.9} \tag{4-4}$$

2. C_m 值的确定

同样地，每次试验，每根试桩均可得到对应的 C_1, C_2, $\cdots$, C_4，根据拟合函数性质，系数 C_m 决定 m 值的大小，即单位应变量所对应的 m 值。m 值的减小主要是由于桩身一定深度土体的抗力衰减，而桩前斜坡坡度的存在，在很大程度上衰减了桩前土体的抗力。根据桩的弹性地基理论假设，水平受荷桩为线性变形体，忽略桩土之间的摩擦阻力影响，假定深度 z 处的桩前土体水平抗力 $\sigma_x = k_x \cdot x$，其中 k_x 为水平抗力系数，x 为该点位移。而采用 m 法进行分析时，假定 k_x 随深度呈正比例增大，即 $k_x = mz$。由此得 m 值理论计算公式，如公式（4-5）所示：

$$\sigma_x = mzy \tag{4-5}$$

进一步可以得到不同坡度下同一深度相同位移时，$C_{m|斜坡}$ 与水平场地条件 $C_{m|水平}$ 之间的关系，见公式（4-6）。

$$\frac{\sigma_{x|水平}}{\sigma_{x|斜坡}} = \frac{m_{水平}}{m_{斜坡}} = \frac{C_{m|水平} \cdot \left(\dfrac{y_0}{b} \cdot 1\,000 \right)^{k}}{C_{m|斜坡} \cdot \left(\dfrac{y_0}{b} \cdot 1\,000 \right)^{k}} = \frac{C_{m|水平}}{C_{m|斜坡}} \tag{4-6}$$

从图 4-18 中可见，不同坡度下的土体抗力与水平场地时土体抗力的比值近似存在 $\dfrac{1}{1+\tan\theta}$ 这样的关系，进而公式（4-6）可变为公式（4-7），从监测数据可进一步验证两者关系如图 4-23 所示。

$$1 + \tan\theta = \frac{C_{m|水平}}{C_{m|斜坡}} \tag{4-7}$$

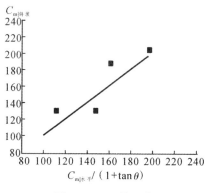

图 4-23　C_m 值取值

由图 4-23 可见，两者具有相对明显的线性关系。需说明的是，在试验过程中，不同试桩的试验过程、记录情况及天气等对监测数据的量值有一定影响。

本节得到了碎石土场地斜坡桩基在水平荷载作用下的 m 值随泥面位移关系，两者近似呈幂函数衰减关系变化规律。

4.4.4　不同坡度土体抗力表征指标计算方法的适用性分析

1. 土体极限抗力和地基初始反力模量

分别统计不同深度 p-y 曲线的 k_{ini}（地基初始反力模量）和桩周土的极限抗力 p_u，并采用前节所提的经验公式 [式（4-2）] 计算现场试验地基初始反力模量 k_{ini} 和桩周土的极限抗力 p_u。

需要说明的是，试验未开展水平场地测试数据，故而水平场地的相关数据根据文献（American Petroleum Institute，2001）所述的经验计算公式进行计算，土体极限抗力的计算参见公式（4-8）、公式（4-9）。

$$p_{us} = (C_1 z + C_2 b) \times \gamma \times z \qquad （4-8）$$

$$p_{ud} = C_3 \times \gamma \times z \times b \qquad （4-9）$$

其中：p_u 为土体极限抗力（kN/m）（s = 浅层地基，d = 深层地基）；γ 为土体重度（kN/m³）；z 为计算深度（m）；C_1、C_2、C_3 为计算参数，具体取值如图 4-24 所示；b 为桩径（m）。

地基初始反力模量取值参如图 4-25 所示。

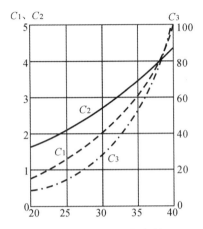

图 4-24　土体极限抗力参数取值

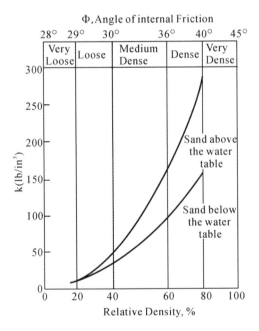

图 4-25　地基初始反力模量取值

计算结果见表 4-9，可与实测值进行对比。

表 4-9　*p-y* 曲线表征参数统计

桩号	参量	实测值			计算值			计算公式
		1 m	2 m	3 m	1 m	2 m	3 m	
2	桩单位面积上土体抗力/（N/mm）	70	160	380	65	185	382	$\dfrac{p_{u\theta}}{p_u}=\dfrac{1}{1+\tan\theta}$
3		100	250	500	89	253	519	
4		100	230	500	88	248	512	
6		60	200	400	70	206	420	
2	地基初始反力模量/（N/mm³）	5	18	15	6.0	12.1	18.1	$\dfrac{k_{ini\theta}}{k_{ini}\vert\theta=0°}=\dfrac{z}{5b}\times(1+\cos\theta)\times$ $\dfrac{1}{1+\tan\theta}$
3		8	20	30	8.8	17.7	26.5	
4		8	21	30	8.6	17.4	26.1	
6		6	12	15	6.9	13.0	20.7	

从上述图表中可见，斜坡场地的基础（桩）桩周土体极限抗力随深度呈线性增大，坡度越大土体极限抗力越小；地基初始反力模量随深度呈正比，与坡度呈反比。

监测值与前节所提经验公式计算所得结果大致相同，经验公式计算值略小于实测值，因为室内模型试验采用的土体相对均匀，近似各向同性，造成两者相差约为 10%，误差合理。

2. 土体抗力系数比例系数 *m* 值

土体抗力系数仍以 *m* 值作为载体进行说明，合理的 *m* 值取值直接关系到桩基础的设计。桩身临界荷载及其对应的桩身位移，采用经验公式（3-2）来获取地面以下 2（*b*+1）m 范围内的综合 *m* 值。桩身临界荷载根据试桩的泥面位移和荷载关系曲线如图 4-26 所示。

由图 4-26 可见，各桩 *m* 值在泥面处位移 y_0 约为 3 mm 时明显较规范建议值降低很多。根据 *m* 值和泥面处位移 y_0 的关系，统计分析出在斜坡碎石土场地条件下对应于某一位移的 *m* 取值范围，为工程设计提供依据。*m* 值与桩身泥面处位移两者成幂函数的衰减关系。根据实测资料，按公式（4-3）计算

m 值，对现场试验 4 根试桩数据进行曲线拟合，根据曲线确定水平受荷桩泥面处水平位移与 m 值的关系为幂函数关系进一步可得，$k = -0.9$、$C_{15°} = 33.4$、$C_{30°} = 20.6$。

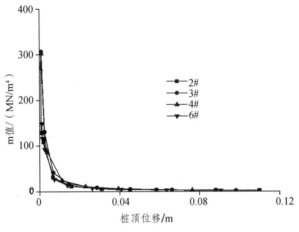

图 4-26　桩身位移-m 值关系曲线

同样地，规范规定取临界荷载及对应地面位移时的 m 值为设计采用的地面以下 $2(b+1)$ m 深度范围内的综合参数。因此取水平临界荷载 H_{cr} 及对应的地面处水平位移 X_{cr} 时即得到综合 m 值，见表 4-10。

表 4-10　不同坡度试桩综合 m 值

斜坡坡度/(°)	15	30
m 值/(MN/m⁴)	89.76	52.28

由表可得 m 值与坡度成反比，坡度每增大 15°，m 值平均减小 40%。

4.5　本章小结

为进一步揭示斜坡坡度与土抗力变化规律的相互关系，本章采用现场模型试验辅以室内模型试验相结合的方法，分析不同坡度下，土体抗力的变化特点。通过计算获得如下主要认识和结论：

（1）斜坡场地，桩-土应力-应变阶段可划分为线性变形阶段、非线性变形阶段、加速变形阶段，土体抗力随深度的分布规律总体呈上下小中间大的凸形。表现为土抗力在地表较小，随深度呈波动增大后减小的规律，达最小值后，土压力又随深度增加而不断增加。

（2）在非线性阶段浅层土体先达到极限抗力状态，随后随着桩-土应力-应变关系的进一步转化，中等埋深和深埋土体逐渐进入极限土体抗力状态。

（3）土体水平扩散角与坡度成反比，坡度每增大 15°，水平扩散角平均减小约 25%。进而得出土体扩散角与桩身计算宽度成正比，说明发挥抵抗桩身水平挤压作用的土体范围减小。

（4）15°、30°、45°斜坡土压力与水平场地近似相同的深度为 2 ~ 5 倍桩径埋深。

（5）当桩埋深超过 0.6 ~ 0.7 埋深后，坡度对碎石土 p-y 曲线地基土体初始模量 k_{ini} 几乎没有影响，其值与水平场地测试、计算结果大致相当。在坡面至 0.6 ~ 0.7 倍埋深范围内，$k_{ini\theta}/k_{i0}$ 比值随深度近似线性递减，该影响的程度随坡度的增大而增大，$k_{ini\theta}/k_{i0}$ 与斜坡坡度 θ 的关系如下：

$$\vartheta = \frac{k_{ini\theta}}{k_{ini}|\theta = 0°} = \frac{z}{5b} \times (1 + \cos\theta) \times \frac{1}{1 + \tan\theta}$$

（6）在土体抗力有效深度以上，对不同坡度下桩侧土体极限抗力与水平场地下桩侧土体极限抗力进行对比发现，每一坡度下的 $p_{u\theta}$ 与水平场地下 p_u 的比值在一定深度以下近似为常数，与斜坡坡度有关：

$$N_{SCC} = \frac{p_{u\theta}}{p_u} = \frac{1}{1 + \tan\theta}$$

（7）统计分析出了碎石土斜坡场地水平受荷桩的 m 值与泥面位移的幂函数衰减变化关系：$m = C_m \cdot \left(\frac{y_0}{b} \cdot 1\,000\right)^k$，并基于不同坡度桩侧土抗力与水平场地桩侧土抗力之间关系，给出了各计算参数的选取方法，能充分反映土非线性特点。

第 5 章
斜坡土体水平抗力分布规律

本章总述桩-土体系不同应力-应变阶段土体水平抗力随深度的变化特点、土体水平抗力随位移的变化特点，全面归纳斜坡土体水平抗力的分布规律，提出斜坡土体水平抗力的计算方法及相应计算参数的取值。

5.1　斜坡土体水平抗力的分布模式

5.1.1　土体水平抗力分布模式

桩-土体系应力-应变的不同阶段，必然会造成土体水平抗力的表现形式及量级上的差异，从而影响土体抗力分布特点。通过探讨土体水平抗力随深度的变化可以获得抗力分布的基本规律，而通过探讨土体水平抗力随位移的变化可以量化土体抗力在各个阶段的贡献量（即大小）。故而土体水平抗力空间分布特点需通过上述两个方面共同探讨而综合得出。

桩-土应力-应变过程根据桩身位移、桩周土体变形随水平荷载的变化可分为三个阶段：

（1）线性变形阶段，发生在加载初期，该阶段桩身位移小，桩周土体并未出现明显裂缝。

（2）非线性变形阶段，桩周土体出现微裂缝后阶段，随着桩顶水平荷载的增加而发展，当某一级荷载保持不变时，裂缝发展几近停止。

（3）加速变形阶段，该阶段土体间裂缝出现了质的变化，荷载施加造成土体内部应力集中效应明显，应力重分布结果反而引起次薄弱环节破坏，循环往复直至桩周土体发生完全失稳破坏。其中临界荷载、极限荷载为线性-非线性阶段、非线性-加速阶段的辨识荷载。

本书试验采用的桩基础为半刚性~刚性桩，故而探讨的是该种结构下土体抗力的分布模式。首先需要明确的是应力-应变不同阶段土体抗力随深度分布情况，然后基于不同桩-土位移下土体抗力的贡献情况，最终归纳出土体抗力在水平推力作用下的分布模式。

1. 土体抗力随深度分布模式

桩-土应力-应变阶段不同，会引发土体水平抗力的分布和变化有所差异，但总体上来说，土体抗力随深度的分布大致相同，其差异性主要体现在不同阶段水平抗力的最大值、最大值的位置以及土压力零点的位置上。根据前述第 3、4 章的分析结果，可将各桩-土应力-应变阶段下土体抗力随深度的分布情况归结为图 5-1。

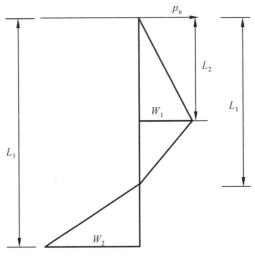

图 5-1 土体抗力随深度分布示意图

如图 5-1 所示，土体抗力随深度变化均可分为两个阶段：

（1）桩身土抗力零点上段，土抗力随深度先近似线性增大，达到抗力最大值深度（L_2）后逐渐减小，在反弯点（L_1）处达到极小值（此点为抗力零点）；土体水平抗力最大值为 W_1。

（2）桩身抗力零点下段，由于基础（桩）发生形变，导致下段基础（桩）向桩后发生偏转，使得桩后土体给予桩基一定抗力，该阶段土体抗力在抗力零点处桩后有一定量值，而后随深度增加抗力逐渐增大，在桩底（L_3）达到极大值（W_2）。

其中，抗力最大值深度与土类、斜坡坡度密切相关。

2. 土体抗力随位移分布模式

桩身位移与桩侧土体抗力呈正比关系变化，达到一定数值后有趋于稳定的趋势，即桩侧土体抗力并不随位移增大而明显增大。深度不同，推力传递的深度亦有所差异，该深度土体抗力能够达到的极限抗力的位移量值也有明显不同，时间上亦存在先后的差异。对此，根据深度不同，将土体抗力-位移变化曲线分为以下 3 种模式（图 5-2）：

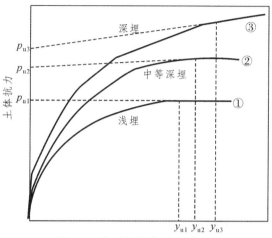

图 5-2　典型的荷载-变形曲线

（1）0.3 倍埋深范围以上土体。

由于浅层土体受坡度等条件的影响，抗力丧失比例较大，在较小的推力作用下土体即进入加速变形阶段，即迅速达到了土体的极限抗力为 p_{u1}。

（2）0.3～0.7 倍埋深范围内土体。

该深度范围内土体相对能够提供较大抗力来抵抗推力引起的变形，相对于浅层土体，抗力也相对较大，极限抗力为 p_{u2}。

（3）大于 0.7 倍埋深土体。

推力的传递深度有限，该深度土体受上部推力作用的影响有限，尽管中、浅埋深的土层已经进入了线性或非线性变形阶段，但该深度土体可能仍处于线性变形的范围，未达到其极限抗力状态，根据曲线的发展来预测得到极限抗力为 p_{u3}。

总体来说，加载一段时间后，近坡面一定深度内土体抗力近似不再继续增大，达到了土体极限抗力。在该埋深以下，土体抗力仍在持续增加中，直至到加速阶段，土体抗力深度近似不变，说明不同深度土体抗力其发挥的程度具有一定的时效性。即在非线性阶段浅层土体中先达到极限抗力状态，随着桩-土体系应力-应变的进一步转化，中等埋深和深埋土体逐渐进入极限土体抗力状态。

3. 土体抗力的分布模式的提出

综上所述，土体抗力随深度、位移的变化，反映出了一定的时间效应。为明确土体抗力作用的概念，给同类工程提供安全保障和借鉴作用，结合土体抗力随深度、土体抗力随位移的变化特征，将土体抗力沿深度变化形式从分布进程上归纳如下，如图 5-3 所示。

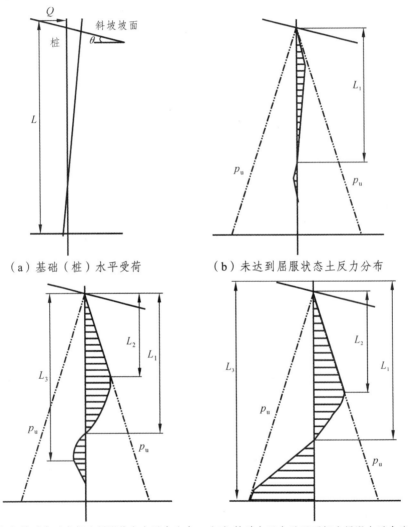

（a）基础（桩）水平受荷　　　　（b）未达到屈服状态土反力分布

（c）转动点以上部分屈服状态土反力分布　　（d）转动点以上及以下部分屈服土反力分布

图 5-3　土体抗力沿深度变化形式

由图 5-3 可见，土体水平抗力表现为在地表较小-增大-减小的规律，达最小值后，土压力在桩后又随深度增加而增大，且随着斜坡坡度的增大，桩侧土体抗力最大值的深度有所不同。具体来说：

（1）如图 5-3（b）所示，水平荷载较小时（小于临界荷载），桩前土体处于线性变形阶段，桩侧土体水平抗力沿桩身均小于土体极限抗力。

（2）如图 5-3（c）所示，荷载进一步增大，大于临界荷载、小于极限荷载时，桩身转动点上段土体进入非线性变形阶段，下段土体仍处于线性变形阶段。此时土体抗力零点上段部分深度土体抗力首先达到了土体极限抗力状态，该深度随着荷载的增大而逐渐增大。

（3）如图 5-3（d）所示，水平荷载大于极限荷载，土体抗力零点上、下土体逐渐趋于或已达到极限土体抗力状态。

5.1.2　土性对土体水平抗力分布的影响

一般情况下，土压力大小主要由桩周土的黏聚力和内摩擦角决定，其中土体内摩擦角反映了土的摩擦特性，宏观和微观上分别表示了土颗粒的表面摩擦力，颗粒间的嵌入和联锁作用产生的咬合力，是影响土体水平抗力最为主要的因素，进而反映在各类土体的经验或半经验计算模型之中。

不同类的碎石土抗力分布规律大致趋同，其黏聚力和内摩擦角的变化会有一较为稳定的区间，以土的抗剪强度指标确定的地基承载能力亦在一个有限的区间内变化，计算公式参见《建筑地基基础设计规范》（GB 50007—2011）（住房和城乡建设部，2011）。总体来说，黏聚力越大、内摩擦角越大，被动土压力（水平抗力）越大，反之越小。

5.1.3　坡度对土体水平抗力分布的影响

斜坡坡度的变化对土体抗力分布的影响主要体现在 3 个方面：

（1）斜坡坡度越大，相同土体强度下坡体自稳能力越低。统计可得，碎石土的内摩擦角多小于 40°，内聚力在 20~45 kPa 之间，故而在坡度从 0°逐渐增大的过程（即坡度逐渐趋近土体内摩擦角的过程）中，土体的自稳能力逐渐降低，使得土体能够提供抗力的能力逐渐下降。

（2）斜坡场地桩顶在受水平荷载作用时，受力情况与水平场地全然不同。

水平场地可以简化为半无限空间场地，其中的基础桩结构在承受桩顶水平荷载时，其桩周土体的应力情况如图 5-4 所示。以地面下深度 x 处单元体为例，在加载前期，桩周土体法向应力的分布如图 5-4（b）所示，近似环向均匀分布。当加载后桩单元发生侧向变形后，桩周土体应力如图 5-4（c）所示，法向应力上升导致桩后土体法向应力下降。土体抗力则为该深度处单位厚度桩周土体应力之和。

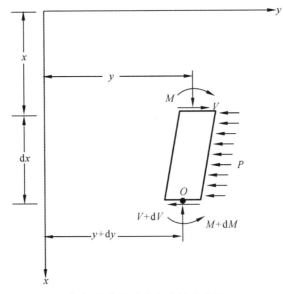

（a）桩基微元受力分析示意图

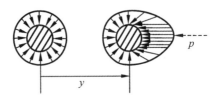

（b）受荷前桩周应力　（c）受荷后桩周应力

图 5-4　土体应力在桩受荷前后的变化（赵明华等，2009）

而斜坡场地在一定深度承受桩后土体的水平推力（即桩后主动土压力的作用），根据图 5-5 所示，受荷前桩周应力要大于水平场地情况，受荷后达到与水平场地相同的桩周应力状态，其桩顶荷载要小于水平场地，此时根据桩周应力平衡所得的变形方向的土体抗力要小于水平场地。

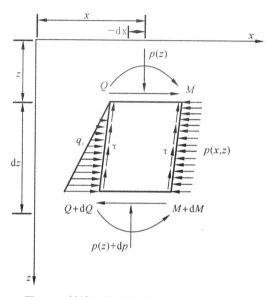

图 5-5 斜坡场地桩基微元受力分析示意图

（3）斜坡坡度会在一定程度上造成桩前土体能够提供抗力的范围降低，即斜坡场地桩前土体应力扩散角要小于水平场地工况，亦会造成其抵抗桩身变形的土体范围的缩小。

另外，从工程施工过程来说，岩土体自身的重量决定了边坡稳定性系数的大小，对于一个正常稳定的边坡，在未施工前，边坡是稳定的，或许刚好处于稳定的临界状态，桩基施工则扰动了桩周土体，使得其自稳能力下降，对斜坡桩前土体的抗力起到了一定的削弱作用。

上述原因造成斜坡土体抗力的弱化效应。斜坡坡度对土体抗力的弱化具体表现为 15°~45° 坡度下土体抗力与水平场地土体抗力比值近似为 1 的深度分别在 3 m、5 m、6 m 左右的范围，说明该深度以上由于桩前斜坡坡度的影响，桩侧土体抵抗桩身变形的能力有所削弱，当所谓的斜坡效应存在后，土体便不能提供与水平场地（半无限空间）一样大小的土体抗力。此时在设计结构时，需对水平抗力进行适当折减；或为了安全度的考虑可以对此深度以上的土体抗力不予考虑，而对该深度以下的土体抗力按水平场地的情况考虑。综合考虑可将其定义为土体抗力失效范围，从而得到斜坡场地土体抗力最大值深度以土体抗力最大值深度计至桩顶，大致为（2~5）b（b 为桩径）埋深。

故而，对于斜坡场地而言，斜坡坡度是影响斜坡土体抗力分布的主要因素。

5.2 斜坡土体水平抗力的计算模型

5.2.1 土体水平抗力的计算方法

上节归纳得出了土体抗力的分布模式，同时依据室内外荷载试验分析结果，对斜坡场地土体抗力的计算模型进行如下假设：

（1）基础（桩）是完全入土的，桩宽（径）为 d，桩长为 L，桩顶自由，桩顶承受水平荷载 Q，如图 5-3（a）所示。

（2）假定水平抗力系数 k_x 沿深度呈线性增大分布，极限土反力 p_u 沿深度呈线性增大分布。

（3）假定基础泥面位移 y_0 和桩在水平荷载作用下的桩身转动角度 ω 已知。

（4）土反力 p 和桩位移 y 之间是非线性的关系，随 y 增大，p 逐渐增大，而后达到极限土反力 p_u，如图 5-3 所示。

（5）土类、斜坡坡度等对土体水平抗力的影响仅考虑对模型中参数的影响。

基于上述假定，将基础（桩）受水平荷载性状分为 3 种情况：

假设泥面处位移为 y_0，则沿桩身任意深度 z 的位移 y 大小可表示为：

$$\omega = \frac{y_0 - y}{L_1 - z} \ (\omega \text{ 为桩身转角}) \tag{5-1}$$

（1）水平荷载较小时，桩前土体处于线性变形阶段，如图 5-3（b）所示，土体抗力沿深度可表示为：

$$p = k_x y = k_x [y_0 - \omega(L_1 - z)] \tag{5-2}$$

（2）当桩身转动点上段土体进入非线性变形阶段，但是下段土体仍处于线性变形阶段时，如图 5-3（c）所示，转动点上段土体抗力已达到极限土体抗力状态，设基础（桩）屈服深度为 L_1，泥面处位移为 y_0，沿桩身位移大小按公式（5-1）表示。如果土体的屈服深度为 L_2，则土体抗力沿深度可表示为：

$$p = \begin{cases} p'_u\,(0 < z < L_2) \\ p_u\,(z = L_2) \end{cases} \tag{5-3}$$

$$p = k_x y = k_x \left[y_0 - \omega(L_1 - z) \right](L_2 \leq z \leq L) \tag{5-4}$$

在深度 L_2 到地面处，如处于斜坡场地，土体抗力存在弱化现象，此时土体抗力为 p'_u；在深度 $z = L_2$ 时，$p_u = k_x y$，此时，可推导出 L_1、L_2 的相关关系。

（3）如图 5-3（d）所示，基础（桩）推力持续增大，桩前、桩后土体均进入了加速变形阶段，此时仅仅在桩身中部 $L_3 \leq z \leq L_2$ 范围内，土体处于线性变形阶段，沿用前述桩身位移表述方法 [公式（5-1）]，不同深度土体抗力可表述为：

$$p = \begin{cases} p'_u\,(0 < z < L_2) \\ p_u\,(z = L_2) \end{cases} \tag{5-5}$$

$$p = k_x y = k_x \left[y_0 - \omega(L_1 - z) \right](L_2 \leq z \leq L) \tag{5-6}$$

$$p = -p_u\,(L_3 < z \leq L) \tag{5-7}$$

在深度 L_2 到地面处，如处于斜坡场地，土体抗力存在弱化现象，则此时土体抗力为 p'_u；在深度 $z = L_2$ 时，可推导出 L_1、L_2 的相关关系。在深度 $z = L_3$ 时，$p_u = -p_u$，此时，可推导出 L_1、L_3 的相关关系。

从式（5-2）～式（5-7）可见，求解土体水平抗力的关键是如何获取土体极限抗力 p_u、p'_u 以及土体抗力系数 k_x，后续章节将针对这两个参数的获取进行详细说明。

5.2.2　土体极限抗力（p_u）的确定

Neely 等（1973）提出根据不同板尺寸和埋置条件的荷载试验推求土体极限抗力，即进行水平推压试验。本书主旨是从本质上探讨土体抗力的分布规律，通过水平推压试验来确定土体在不同抵抗变形阶段的抗力大小，最终获得土体极限抗力。

5.2.2.1 水平推压试验方案

平板载荷室内模型试验基于浅层平板载荷试验法的原理，结合规范《建筑地基基础设计规范》（GB 50007—2011）（住房和城乡建设部，2011），通过水平加荷设备将荷载直接作用于地基土体表面。该试验在成都理工大学地质灾害防治与地质环境保护国家重点实验室（SKLGP）地质力学模拟试验平台上进行。具体方案设计如下：

1. 模型尺寸

模型长为 50 cm、宽为 40 cm、高为 90 cm。为保证加载过程中土体两侧不发生侧向挤出，采用脚手架固定 2 cm 厚塑钢板限制边界变形（图 5-6）。

图 5-6　模型试验槽尺寸

2. 土体模型

四川省内广泛分布碎石类土，成因以残～坡积为主，多为稍密～中密状态，碎石粒径集中在 3～8 cm，不均匀系数 >5，曲率系数在 1～3 之间（陈继彬等，2018；李晓明等，2018）。

基于上述参数，本节试验土体取自四川理县。对 5 kg 原状土进行现场筛分试验得出有效粒径 d_{10} 为 0.55 mm、限制粒径 d_{60} 为 12.5 mm、不均匀系数

C_u 为 22.7、曲率系数 C_c 为 1.1。依据等量替代法制作模型碎石土，用 6 ~ 60 mm 土粒替换粒径大于 60 mm 的土粒，<5 mm 土粒则保持天然级配值。原状土体最优含水率为 9%，土体天然含水率为 6.3%，最大干密度为 2.45 g/cm³。本次试验拟定以土体中密状态开展试验（相对密实度选为 $D_r = 40\%$），通过预夯试验得出用 C35 混凝土正方块（直径为 12 cm）将 20 cm 土层夯实到 17 cm 即可达到试验密实度（具体为：夯锤高度 20 cm，锤击 10 次），模型搭建完成后取该层土样根据《公路桥涵地基与基础设计规范》（JTG 3363—2019）（中交公路规划设计院有限公司，2019）对碎石土密实度计算方法进行测定和计算。土体模型如图 5-7 所示。

图 5-7　模型试验碎石土

　　模型土制备完成后，分别采用环刀法、三轴剪切试验法获得土体密度和抗剪强度，其中：三轴剪切试验设备为三轴剪切试验仪（高 600 mm、直径 300 mm），按前述夯实标准制备试样，分 0.1 MPa、0.2 MPa、0.3 MPa 施加三级围压，以 1.5 mm/min 匀速轴向加载，当轴向位移≥120 mm 时试验结束。试验共分 2 组 6 次（见 2.3 节所述），典型的主应力-剪切应力曲线如图 5-8 所示。试验土体的物理力学参数见表 5-1。

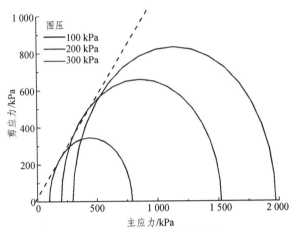

图 5-8 模型土莫尔-库仑曲线

表 5-1 试验土体物理力学参数

组数		密实度 D_r/%	密度/（g/cm^3）	黏聚力/kPa	内摩擦角/（°）
第一组	1-1	42.3	2.30	9.4	42.0
	1-2	45.5	2.40	10.0	45.6
	1-3	40.2	2.20	8.7	43.2
第二组	2-1	39.6	2.10	8.3	42.3
	2-2	44.2	2.34	9.8	45.2
	2-3	47.3	2.45	10.3	45.7

注：1-1 为第一组第一次试验，分组原则详见 2.3 节。

3. 加载与监测

加载方式为单向慢速维持加载法。采用高精度静态伺服液压千斤顶对刚性承压板（边长 $d = 10$ cm、厚 $h = 2.5$ cm）进行加载，加载深度 z 分别为 10 cm、30 cm、50 cm、65 cm、80 cm（距模型顶面）。为保证加载位置不因距离过近而影响试验效果，试验分两组进行（编号为试验 1 组和试验 2 组，其中试验 1 加载深度分别为 10 cm、50 cm、80 cm，试验 2 加载深度分别为 30 cm、65 cm；每组设计平行试验 3 次，编号原则参见表 5-1）。为提高试验效率，前期荷载增量等级为 100 kPa，加载后期逐渐调整至 50 kPa、25 kPa。加载示意如图 5-9 所示（以试验 1-1、试验 2-1 为例）。

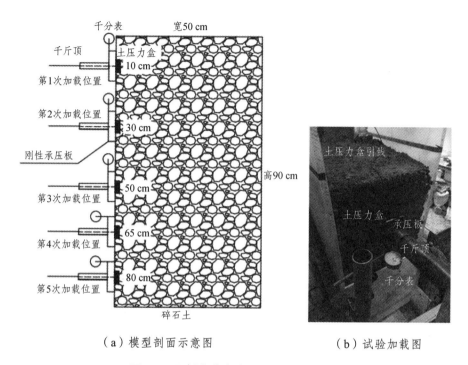

（a）模型剖面示意图　　　　　　　　（b）试验加载图

图 5-9　平板载荷室内模型试验加载过程

在每一加载深度上，在承压板与土体接触面埋置 XY-TY02A 电阻式土压力盒监测土压力 p，在承压板临空面布置千分表监测水平位移 y。参考文献（住房和城乡建设部，2011）所述：当每级加载后，按间隔 10～15 min 测读一次位移量。当连续 3 次位移量差小于 0.01 mm 时即判为该级荷载变形稳定，可施加下一级荷载。当板周土体发生明显的裂缝持续发展或本级荷载下位移量大于前一级荷载的位移量的 5 倍时停止试验。

5.2.2.2　p-y 特征曲线

根据各试验点试验结果，绘制 p-y 曲线，以试验 1-1、试验 2-1 为例进行详细分析和说明，如图 5-10 所示。

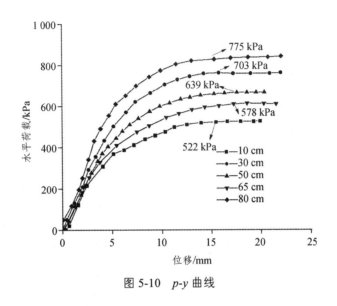

图 5-10 *p-y* 曲线

从图 5-10 中可见，在水平荷载作用下，不同深度处荷载 p、位移 y 两者关系曲线形式一致，并与砂土典型 *p-y* 曲线变化规律相近（Reese et al., 1956；API, 2001）。即在较小荷载时 *p-y* 曲线具有近似线性增加的趋势；随着水平荷载的增加，变形也随之陡增，然后进入非线性变形阶段后逐渐稳定不变，可归结为线性增加、非线性陡增、渐趋稳定 3 个阶段。如 10 cm 深度位置、荷载 400 kPa 之前 *p-y* 曲线未见明显的拐点，在此之后位移随荷载增加变化敏感，*p-y* 曲线出现第一个拐点。当荷载增加到 450 kPa 以后，位移逐渐趋于稳定，到 522 kPa 后进入荷载不变位移仍持续增大阶段。不同深度对应的稳定荷载分别为 578 kPa（30 cm）、639 kPa（50 cm）、703 kPa（65 cm）、775 kPa（80 cm）。根据定义，土体水平极限抗力 p_{max} 是 *p-y* 曲线加荷后期的荷载不变位移仍持续增大的起点荷载（API, 2001；Guo, 2008）。各组试验结果统计入表 5-2。在加载过程中，当荷载施加到 525 kPa 时，板周有细小裂缝出现，随着荷载增加，模型土体周围发生肉眼可见裂缝并持续发展，在承压板的四角向外扩展。加载结束后裂缝长 10～15 cm、张开 0.1～0.2 cm、可见深度肉眼不易观测、延伸方向与板边缘呈 45°、整体辐射范围超出加载范围 1 倍。点位加载试验后状态如图 5-11 所示。

表 5-2　*p-y* 曲线确定土体水平极限抗力及相对密度

次数	试验 1 组				试验 2 组		
	p_{max}/kPa			D_r/%	p_{max}/kPa		D_r/%
	深度 10 cm	深度 50 cm	深度 80 cm		深度 30 cm	深度 65 cm	
第 1 次	522	639	775	42.3	578	703	39.6
第 2 次	531	643	740	45.5	592	712	44.2
第 3 次	507	621	749	40.2	573	723	47.3
平均值	520	641	755	42.6	581	713	43.75

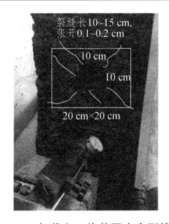

图 5-11　加载点一倍范围内变形情况

结合图 5-10 和表 5-2，可以看到不同深度处土体极限抗力不同，随着土层深度增加，土体极限抗力具有逐渐增大的趋势。这说明，土层埋深越浅，所提供的土体抗力越小，土体能够承担的外荷载量级相对越小。而抗力随深度的变化规律则又有力地证明了桩前土体有效承载范围对桩-土体系稳定性的影响，随桩埋深增加桩前土体有效范围越大，则土体发生形变需要外力扰动能力越大。另外，不同试验组测试结果略有差异，这主要是因为模型是人为堆置而成，土体密实度略有差异。

5.2.2.3　p_u 简化计算方法

相关学者（Fleming et al.，1992；Zhang，2009；Le B C et al.，2010；陈

继彬，2017）在现场侧向受荷刚性桩试验、室内离心机试验等中采用压力传感器监测了沿刚性桩桩长度方向的土压力分布情况，经过反复修正后认为土体极限抗力 p_{max} 可采用被动土压力进行表述，则其与被动土压力系数 K_p 相关。Zhang 等（2005）对 4 组历史文献数据进行拟合，认为 Fleming 等（1992）所提出的关系式［式（5-8）］能够很好地描述 p_{max} 与 z 的关系，如图 5-12 所示。

$$p_u = \gamma K_p^2 z \qquad (5\text{-}8)$$

式中：p_u 为土体水平极限抗力（kPa）；γ 为土体重度（kg/m³）；K_p 为被动土压力系数，$K_p = \tan^2\left(45° + \dfrac{\varphi}{2}\right)$，$\varphi$ 为土体内摩擦角（°）；z 为深度（m）。

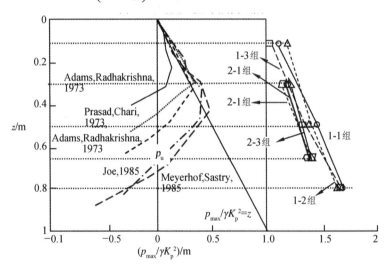

图 5-12 $p_u/\gamma K_p^2$ 随深度分布规律（Zhang et al.，2005）

根据本试验结果进行试算发现：本书试验结果与经验关系差异明显，并不符合公式所述关系。究其原因则是碎石类土体成因和组成成分复杂，土体的密实程度，特别是碎石土，将直接影响内摩擦角，进而表现在土压力系数中。基于此，本书根据各个参量的单位对土体水平抗力首先进行归一化处理，然后考虑试验测试深度、荷载板尺寸等因素影响进行拟合修正，归一化处理后见式（5-9）。

$$\frac{p_{\mathrm{u}}}{\gamma K_{\mathrm{p}} z} \sim \frac{z^2}{A} \tag{5-9}$$

式中：A 为荷载板面积（m^2）；其他参数意义同公式（5-8）。

根据测试结果进行归一化曲线拟合，如图 5-13 所示。根据曲线拟合结果，数据落点均在上、下包络线范围之内，且两者满足幂函数变化关系，故可将归一化后两者关系简写成公式（5-10）。

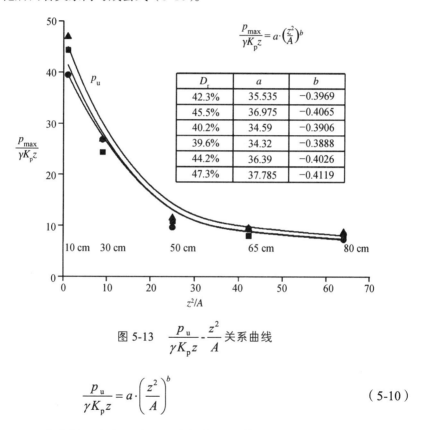

D_{r}	a	b
42.3%	35.535	−0.3969
45.5%	36.975	−0.4065
40.2%	34.59	−0.3906
39.6%	34.32	−0.3888
44.2%	36.39	−0.4026
47.3%	37.785	−0.4119

$$\frac{p_{\max}}{\gamma K_{\mathrm{p}} z} = a \cdot \left(\frac{z^2}{A}\right)^b$$

图 5-13 $\dfrac{p_{\mathrm{u}}}{\gamma K_{\mathrm{p}} z}$ - $\dfrac{z^2}{A}$ 关系曲线

$$\frac{p_{\mathrm{u}}}{\gamma K_{\mathrm{p}} z} = a \cdot \left(\frac{z^2}{A}\right)^b \tag{5-10}$$

式中：a、b 为变量，本次试验过程中仅仅是土体的密实度有异，故其是为与密实度有关的计算参数。

进一步将公式进行转换，得公式（5-11）：

$$p_{\mathrm{u}} = N_{\mathrm{g}} \cdot \gamma \cdot K_{\mathrm{p}} \cdot z \tag{5-11}$$

其中：$N_g = a \cdot \left(\dfrac{z^2}{A}\right)^b$。

如前所述，虽然通过预夯试验确定出 C35 混凝土正方块（直径 12 cm）将 20 cm 土层夯实到 17 cm 即可达到预定密实度要求，但是模型试验过程中实测土体密实度 1-1 为 42.3%、1-2 为 45.4%、1-3 为 40.2%、2-1 为 39.6%、2-2 为 44.2%、2-3 为 47.3%，具体详见表 5-1 和表 5-2。土体的密实程度（特别是碎石土）直接影响内摩擦角，进而表现在土压力系数不同，直接导致 p_{max} 等参数存在差异。公式（5-11）中各计算参数可直接或间接通过试验测定结果，本次试验的因变量仅为碎石土密实度，故 a、b 待定系数与碎石土密实度直接相关。结合图 5-13 中每个深度的曲线拟合结果，综合分析土体密实度 D_r 与系数 a、b 的影响。三者关系分别见图 5-14。

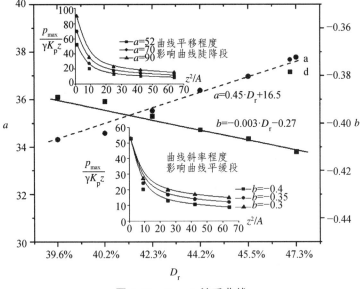

图 5-14　D_r-a-b 关系曲线

由图 5-14 可见，D_r 与 a 和 b 均成线性关系变化。D_r 越大，a 越大、b 越小。其中：a 主要反映 $\dfrac{p_u}{\gamma K_p z} = a \cdot \left(\dfrac{z^2}{A}\right)^b$ 关系曲线的上下移动情况；b 主要调整曲线斜率，同时用来增加数据拟合的灵活性，控制最终土体极限抗力的作用。

综上，最终得出基于平板载荷室内模型试验的碎石土体水平极限抗力的计算公式如下：

$$\begin{cases} p_{u} = N_{g} \cdot \gamma \cdot K_{p} \cdot z \\ N_{g} = a \cdot \left(\dfrac{H^{2}}{A} \right)^{b} \\ a = 0.45D_{r} + 16.5 \\ b = -0.003D_{r} - 0.27 \end{cases} \quad （5\text{-}12）$$

式中：参数意义同前。

反馈到实际工程计算时，可将工程桩简化成沿深度方向连续分布的、若干个等高的"似"刚板体组成的，则可近似地将"似"刚板单元体的宽度看作桩径。令方程相等，则有：

（1）据第 4 章、第 5 章研究可知，土压力最大值深度随坡度增大有下移的趋势，15°～45°斜坡坡度对应的深度分别为 0.3 倍、0.5 倍、0.6 倍桩埋深，该深度以上土体由于斜坡坡度的存在导致此范围内土体抗力与水平场地存在些许变动，该深度以下土体抗力与水平场地相似，可以认为该深度为土体能够发挥有效抗力的最小深度，设计时出于安全考虑，可将该深度视为土体抗力失效深度。统计两者关系如图 5-15 所示，两者可近似表述为：

$$z_{(失效)}/b = 5.83\tan\theta + 0.8$$

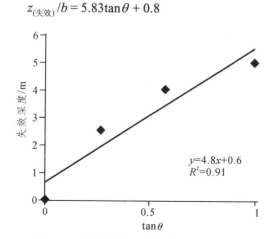

图 5-15　抗力失效深度与坡度关系曲线

（2）在土体抗力失效深度以下，对比不同坡度下桩侧土体极限抗力与水平场地下桩侧土体极限抗力发现，每一坡度下的 $p_{u\theta}$ 与水平场地下的 p_u 比值近似为常数，该比值与桩深的关系并不明显，仅与斜坡坡度有关，两者关系通过统计分析，参见图 4-18，即 p_u 可表述为：

$$N_{SCC} = \frac{p_{u\theta}}{p_u} = \frac{1}{1+\tan\theta}$$

（3）不同土性密实度、胶结程度土直接导致土体黏聚力、内摩擦角的差异，决定了土类的地基承载力的不同，从而可获得土体抗力最大深度处抗力表征参数土体极限抗力和初始地基模量与地基承载力的关系。其中，F_s 为土体极限抗力无量纲参量：

$$F_s = 1.65 \times 10^{-3} \cdot f_a + 0.73$$

（4）在实际中，由于桩的施工引起的土体加密效应（一般引起土体密度和内摩擦角的增长），可能导致 N_g 值的大幅增长。

5.2.3 水平抗力系数 k_x 的确定

前述研究结果显示，地基反力模量与深度近似成正比变化。地基初始反力模量为抗力-位移曲线线性变化结束点的力与位移的比值。在一定的位移控制之内（1.5~3 mm），地基初始反力模量可定义为土体抗力系数。由此，可以其假设土体抗力系数 k_x 随深度呈正比增加，即 $k_x = mz$。进一步可以采用 m 法的假设对现场试验的基桩进行求解，对比计算值与现场试验结果，可获得 m 值在斜坡场地的取值差异，为调整规范 m 值计算公式奠定基础。

5.2.3.1 m 法基本方程及其级数解

1. 基本微分方程

用 m 法计算弹性桩基桩内力和位移时，为了便于计算，须满足以下基本假定：

（1）土体为弹性变形介质，土体抗力系数 k_x 随深度呈正比地增加，即 $k_x = mz$。

（2）深度 z 处的桩前土体水平抗力 $\sigma_x = k_x \cdot x$。

（3）忽略桩-土之间摩擦力和黏聚力。

建立如图5-16、图5-17所示坐标系。

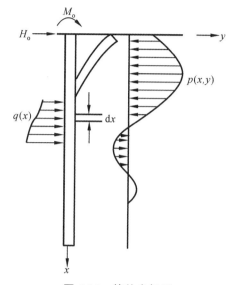

图5-16　桩的坐标系

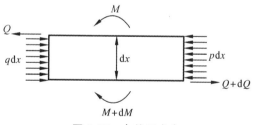

图5-17　力的正方向

按照 m 法假定,可导出桩在水平荷载及桩顶弯矩作用下的基本微分方程:

$$EI\frac{\mathrm{d}^4 x_y}{\mathrm{d}y^4} + m \cdot y \cdot b_0 \cdot x_y = 0 \tag{5-13}$$

令 α 为桩的变形系数（m^{-1}）, $\alpha = \sqrt[5]{\dfrac{mb_0}{EI}}$, 则 m 法微分方程变为:

$$EI\frac{\mathrm{d}^4 x_y}{\mathrm{d}y^4} + \alpha^5 \cdot y \cdot x_y = 0 \tag{5-14}$$

153

其中：b_0 为桩身的计算宽度（m）。

方形桩：当边宽 $b \leqslant 1$ m 时，$b_0 = 1.5d + 0.5$；当边宽 $b > 1$ m 时，$b_0 = d + 1$。

2. 级数解

对上述公式求解，可得 4 次齐次变系数线性微分方程，如式（5-15）～式（5-18），即桩身任一截面 z 处的变位和内力的 4 个物理量的初参数解。

$$x_z = x_0 A_1 + \frac{\varphi_0}{\alpha} B_1 + \frac{M_0}{\alpha^2 EI} C_1 + \frac{Q_0}{\alpha^3 EI} D_1 \tag{5-15}$$

$$\frac{\varphi_z}{\alpha} = x_0 A_2 + \frac{\varphi_0}{\alpha} B_2 + \frac{M_0}{\alpha^2 EI} C_2 + \frac{Q_0}{\alpha^3 EI} D_2 \tag{5-16}$$

$$\frac{M_z}{\alpha^2 EI} = x_0 A_3 + \frac{\varphi_0}{\alpha} B_3 + \frac{M_0}{\alpha^2 EI} C_3 + \frac{Q_0}{\alpha^3 EI} D_3 \tag{5-17}$$

$$\frac{Q_z}{\alpha^3 EI} = x_0 A_4 + \frac{\varphi_0}{\alpha} B_4 + \frac{M_0}{\alpha^2 EI} C_4 + \frac{Q_0}{\alpha^3 EI} D_4 \tag{5-18}$$

而深度 z 处桩侧土的弹性抗力 p_{zx} 为：

$$p_{zx} = mz \cdot x_z = mz \cdot \left(x_0 A_1 + \frac{\varphi_0}{\alpha} B_1 + \frac{M_0}{\alpha^2 EI} C_1 + \frac{Q_0}{\alpha^3 EI} D_1 \right) \tag{5-19}$$

式中：x_z、ϕ_z、M_z、Q_z——锚固段桩身任一截面变位（m）、转角（弧度）、弯矩（kN·m）和剪力（kN）；

x_0、ϕ_0、M_0、Q_0——初参数，分别为滑面处的变位（m）、转角（弧度）、弯矩（kN·m）和剪力（kN）；

A_j、B_j、C_j、D_j——随桩换算深度而异的 m 法的无量纲影响系数，$j = 1$、2、3、4，共 16 个系数，若令 $i = 1$、2、3、4 分别代表 A、B、C、D，则系数可用通式表示：

$$e_{ij} = f_{ij} + \sum_{k=1}^{\infty} (-1) \frac{(5k+i-5)!!}{(5k+i-j)!} (az)^{(5k+i-j)} \tag{5-20}$$

$$f_{ij} = \begin{cases} (az)^{i-j} / (i-j)!, & i \geqslant j \\ 0, & i < j \end{cases} \tag{5-21}$$

因此首先求解 x_0 和 φ_0 后才能得到 x_z、φ_z、M_z、Q_z、p_{zx}，当桩顶为自由端时，x_0 和 φ_0 表达式为：

$$x_0 = \frac{Q_0}{\alpha^3 EI} A_{x_0} + \frac{M_0}{\alpha^2 EI} B_{x_0} \tag{5-22}$$

$$\varphi_0 = -\left(\frac{Q_0}{\alpha^2 EI} A_{\varphi_0} + \frac{M_0}{\alpha EI} B_{\varphi_0} \right) \tag{5-23}$$

式中：

$$A_{x_0} = \frac{(B_3 D_4 - B_4 D_3) + K_h (B_2 D_4 - B_4 D_2)}{(A_3 B_4 - A_4 B_3) + K_h (A_2 B_4 - A_4 B_2)} \tag{5-24}$$

$$B_{x_0} = \frac{(B_3 C_4 - B_4 C_3) + K_h (B_2 C_4 - B_4 C_2)}{(A_3 B_4 - A_4 B_3) + K_h (A_2 B_4 - A_4 B_2)} \tag{5-25}$$

$$A_{\varphi_0} = \frac{(A_3 D_4 - A_4 D_3) + K_h (A_2 D_4 - A_4 D_2)}{(A_3 B_4 - A_4 B_3) + K_h (A_2 B_4 - A_4 B_2)} \tag{5-26}$$

$$B_{\varphi_0} = \frac{(A_3 C_4 - A_4 C_3) + K_h (A_2 C_4 - A_4 C_2)}{(A_3 B_4 - A_4 B_3) + K_h (A_2 B_4 - A_4 B_2)} \tag{5-27}$$

其中系数 $K_h = \dfrac{C_0 I_0}{\alpha EI}$；$C_0 = m_0 \cdot h$ 为地基土竖向抗力系数；m_0 为土体竖向抗力系数的比例系数（MN/m⁴），可近似取为水平抗力系数比例系数；h 为桩长（m），当 $h<10$ m 时按 10 m 计算；I_0 为桩底截面惯性矩。

按上述求解计算量非常繁重，可采用无量纲法进行计算，即直接由 M_0 和 Q_0 求解。以下为 $\alpha h>2.5$ 时弹性桩的求解方程：

$$x_z = \frac{Q_0}{\alpha^3 EI} A_x + \frac{M_0}{\alpha^2 EI} B_x \tag{5-28}$$

$$\varphi_z = \frac{Q_0}{\alpha^2 EI} A_\varphi + \frac{M_0}{\alpha EI} B_\varphi \tag{5-29}$$

$$M_z = \frac{Q_0}{\alpha} A_M + M_0 B_M \tag{5-30}$$

$$Q_z = Q_0 A_Q + \alpha M_0 B_Q \tag{5-31}$$

$$p_{zx} = mz \cdot x_z = mz \cdot \left(\frac{Q_0}{\alpha^3 EI} A_x + \frac{M_0}{\alpha^2 EI} B_x \right) \tag{5-32}$$

式中系数进一步简化可表示为（其中 k 可看成 1、2、3、4）：

$$A_k = A_j A_{x_0} - B_j A_{\varphi_0} + D_j \qquad （5-33）$$

$$B_k = A_j B_{x_0} - B_j B_{\varphi_0} + C_j \qquad （5-34）$$

以上为 m 法的求解过程。

5.2.3.2 m 法计算过程

1. 计算参数及试桩资料

试桩长为 10 m，桩径为 1 m，桩身计算宽度为 1.8 m，水平作用力点即地面位置，桩顶桩底自由。C25 混凝土弹性模量 $E_c = 2.8 \times 10^4$ N/mm²。钢筋混凝土桩 $EI = 1\,051$ MPa·m⁴，其中 I_0 为圆形桩身换算截面惯性矩 $I_0 = W_0 b_0 / 2$，截面模量 $W_0 = \pi b \cdot [b^2 + 2(\alpha_E - 1) \cdot \rho_d \cdot b_0^2] / 32$，$\alpha_E$ 为钢筋与混凝土弹性模量之比。

2. 计算步骤

计算步骤可参见规范《建筑桩基技术规范》（JGJ 94—2008）（中国建筑科学研究院，2008），见表 5-3。

表 5-3　计算步骤

序号	步骤说明
①	根据现场水平荷载试验获得的 m 值，确定桩的水平变形系数 α
②	根据式（5-15）～式（5-18）计算 A_j、B_j、C_j、D_j
③	根据公式（5-24）～式（5-27）求出 A_{x0}、B_{x0}、$A_{\varphi0}$、$B_{\varphi0}$
④	求桩身位移 x_z、转角 φ_z、桩身弯矩 M_z
⑤	根据式（5-19）求桩侧土抗力 p_z

按照以上步骤，15°（3#桩）坡 m 值约为 90 MN/m⁴、30°（6#桩）坡 m 值约为 52 MN/m⁴，依次求解得出桩的水平变形系数、各深度下的各种影响系数，见表 5-4、表 5-5。

表 5-4 3#试桩 m 法影响系数表（$m = 89.76 \ \mathrm{MN/m^4}$）

z	0	1	2	3	4	5	6	7	8	9	10
a_z	0	0.688	1.375	2.063	2.75	3.438	4.126	4.813	5.501	6.189	6.876
A_1	1	0.999	0.959	0.691	-0.271	-2.627	-6.684	-10.345	-5.199	26.707	103.321
A_2	0	-0.009	-0.149	-0.743	-2.237	-4.736	-6.655	-2.068	21.519	76.707	141.286
A_3	0	-0.054	-0.432	-1.414	-2.986	-3.967	-0.256	16.713	55.687	101.55	54.971
A_4	0	-0.236	-0.935	-1.939	-2.391	0.478	12.447	39.534	71.642	39.938	-237.955
B_1	0	0.687	1.356	1.85	1.572	-0.875	-7.562	-19.117	-27.966	-5.884	103.166
B_2	1	0.997	0.918	0.383	-1.529	-6.13	-13.627	-18.471	-0.738	79.241	251.96
B_3	0	-0.019	-0.297	-1.483	-4.425	-9.116	-11.569	2.084	59.564	183.307	299.889
B_4	0	-0.108	-0.863	-2.813	-5.813	-7.019	3.086	43.634	130.945	216.389	38.431
C_1	0	0.236	0.94	2.033	3.083	2.666	-2.407	-16.643	-40.428	-53.525	12.89
C_2	0	0.687	1.347	1.744	0.987	-2.972	-12.983	-28.9	-36.134	14.193	211.315
C_3	1	0.996	0.877	0.075	-2.772	-9.51	-19.837	-23.456	13.852	155.744	434.819
C_4	0	-0.028	-0.446	-2.219	-6.563	-13.141	-14.77	12.226	112.737	313.317	452.475
D_1	0	0.054	0.432	1.431	3.146	4.89	3.947	-5.844	-32.66	-74.402	-83.918
D_2	0	0.236	0.938	2.002	2.851	1.607	-5.851	-24.858	-53.456	-58.013	64.812
D_3	0	0.687	1.338	1.637	0.406	-5.031	-18.125	-37.258	-38.84	50.156	352.105
D_4	1	0.995	0.836	-0.231	-4.003	-12.766	-25.321	-25.372	38.045	253.422	640.276

桩顶系数	0	1	2	3	4	5	6	7	8	9	10
							$A_{\varphi 0}$			1.619 402 363	
				A_{x0}		2.429 203 783					
z	0	1	2	3	4	5	6	7	8	9	10
A_x	2.429 204	1.367 211	0.565 286	0.113 593	−0.057 428	0.075 49	−0.043 906	−0.014 676	−0.000 461	0.003 471	0.004 072
A_φ	−1.619 402	−1.401 525	−0.909 859	−0.423 655	−0.106 835	0.028 693	0.050 971	0.031 569	0.011 292	0.001 964	0.000 5
A_M	0	0.585 589	0.770 874	0.603 077	0.317 679	0.095 008	−0.012 078	−0.034 604	−0.021 907	−0.006 22	0.000 027
A_Q	1	0.596 266	−0.037 192	−0.387 567	−0.397 345	−0.238 93	−0.081 826	0.003 503	0.025 631	0.017 301	0

表 5-5　6#试桩 m 法影响系数表（ $m = 52.28 \ \text{MN/m}^4$ ）

z	0	1	2	3	4	5	6	7	8	9	10
a_z	0	0.617	1.234	1.851	2.469	3.086	3.703	4.32	4.937	5.554 5	6.172
A_1	1	0.999	0.976	0.819	0.25	−1.203	−4.017	−7.966	−10.46	−3.966	25.42
A_2	0	−0.006	−0.097	−0.485	−1.491	−3.364	−5.738	−6.434	0.323	24.601	74.991
A_3	0	−0.039	−0.313	−1.037	−2.304	−3.698	−3.46	2.727	22.001	59.558	100.849
B_2	1	0.999	0.952	0.639	−0.496	−3.364	−8.777	−15.776	−17.848	2.64	76.163
B_3	0	−0.012	−0.193	−0.969	−2.964	−6.591	−10.792	−10.297	8.234	66.79	179.643
B_4	0	−0.078	−0.625	−2.068	−4.539	−7.002	−5.307	10.449	55.876	139.212	215.703
C_1	0	0.19	0.759	1.67	2.717	3.212	1.502	−5.324	−20.401	−42.338	−53.744
C_2	0	0.617	1.22	1.684	1.538	−0.368	−5.979	−17.103	−31.686	−35.226	11.596

	0	1	2	3	4	5	6	7	8	9	10
C_3	1	0.998	0.928	0.459	-1.237	-5.483	-13.28	-22.445	-21.274	20.207	150.478
C_4	0	-0.018	-0.29	-1.452	-4.418	-9.682	-15.168	-11.642	23.406	124.976	307.694
D_1	0	0.039	0.313	1.044	2.371	4.095	5.096	2.435	-9.219	-35.574	-73.411
D_2	0	0.19	0.758	1.655	2.608	2.702	-0.228	-9.872	-29.661	-55.475	-58.828
D_3	0	0.617	1.215	1.628	1.23	-1.495	-9.031	-23.325	-40.145	-36.539	45.924
D_4	1	0.997	0.905	0.279	-1.973	-7.559	-17.528	-27.989	-20.846	48.132	245.674
桩顶系数			A_{x0} 2.429 520 704					$A_{\varphi 0}$ 1.619 546 94			
z	0	1	2	3	4	5	6	7	8	9	10
A_x	2.430 851	1.468 284	0.701 296	0.216 463	-0.014 991	-0.080 704	0.047 365	-0.034 912	-0.002 571	0.027 126	0.053 973
A_φ	-1.620 604	-1.442 461	-1.019 788	-0.560 924	-0.214 497	-0.022 992	0.047 951	0.055 647	0.049 308	0.047 515	0.034 096
A_M	0	0.541 219	0.767 807	0.677 994	0.434 22	0.197 013	-0.159 756	-0.007 902	-0.007 317	-0.002 672	0.056 243
A_Q	1	0.661 143	0.078 282	-0.320 71	-0.423 91	-0.323 038	0.047 365	-0.031 927	0.019 606	-0.021 34	0.171 25

5.2.3.3 *m* 法计算试桩受力特性

按照以上 *m* 法计算得到临界荷载下的桩身变形、内力及桩侧土抗力,见表 5-6、表 5-7。

表 5-6　3#桩 *m* 法计算结果

桩埋深/m	桩身位移 x/mm	桩身转角 θ/(10^{-3} rad)	桩身弯矩 M/(MN·m)	桩前土压力 P/MPa
0	3.554 77	1.368 67	0	0
−1	2.000 75	1.184 53	0.425 8	0.150 84
−2	0.827 26	0.768 99	0.560 49	0.124 73
−3	0.166 2	0.358 06	0.438 42	0.037 6
−4	−0.084 26	0.090 29	0.230 84	−0.025 34
−5	−0.111 05	−0.028 51	0.069 04	−0.037 77
−6	−0.065 2	−0.043 08	−0.008 22	−0.029 06
−7	−0.022 19	−0.026 68	−0.023 12	−0.011 33
−8	8.575 11×10^{-4}	−0.009 54	−0.011 8	−4.069 59×10^{-4}
−9	0.012 61	−0.001 66	−8.186 43×10^{-4}	0.003 45
−10	0.022 13	−4.224 99×10^{-4}	−0.008 28	0.004 49

表 5-7　6#桩 *m* 法计算结果

桩埋深/m	桩身位移 x/mm	桩身转角 θ/(10^{-3} rad)	桩身弯矩 M/(MN·m)	桩前土压力 P/MPa
0	3.992 46	1.642 54	0	0
−1	2.411 74	1.461 86	0.323 99	0.126 09
−2	1.152 44	1.033 11	0.498 13	0.120 5
−3	0.356 95	0.567 55	0.499 24	0.055 98
−4	−0.021 97	0.216 06	0.385 75	−0.004 59
−5	−0.128 65	0.022 39	0.236 13	−0.033 63
−6	−0.108 63	−0.046 37	0.108 86	−0.034 08
−7	−0.058 06	−0.048 2	0.029 58	−0.021 25
−8	−0.018 49	−0.030 44	−0.003 09	−0.007 73
−9	0.004 75	−0.017 82	−0.005 57	0.002 24
−10	0.020 6	−0.015 04	−6.685 32×10^{-4}	0.010 77

以计算所得的土体抗力结果与现场试验监测成果进行对比分析。

桩侧土压力计算值与实测值对比如图 5-18 所示。

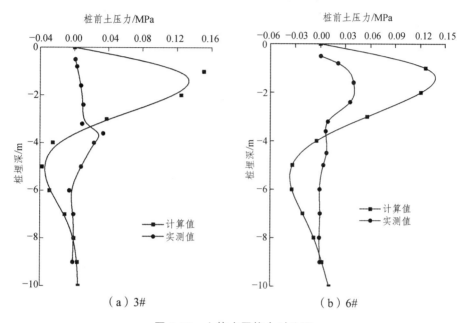

图 5-18　土体水平抗力对比图

由图 5-18 可得，桩前土抗力计算值和实测值有较大差异，因其土压力是根据桩身位移各级导数求得的，求导次数越多，误差越大。同时，现场试验中，土压力盒的埋设、读数、录入、后期处理等对土压力数据规律性也有一定的影响。利用该法计算得到的土体水平抗力的分布大致符合弹性桩桩周土压力分布形态。

5.2.3.4　斜坡场地 m 值折减

综上可得，计算值与实测值有一定的误差，分析原因认为：

规范经验公式 $m = (H_{cr} / X_{cr} \cdot v_x)^{\frac{5}{3}} / b_0 (EI)^{\frac{2}{3}}$ 中，H_{cr} 和 X_{cr} 均根据实测桩顶水平位移随荷载的变化规律得出，EI、v_x 为与换算埋深有关的水平位移系数，其不受地形坡度因素的控制。而本书前述的研究表明斜坡坡度会减小桩身计算宽度 b_0，从而影响桩前土抗力。

姜晨光（2010）认为，当一竖直桩桩顶承受较大水平力时，桩前土会产生按某一角度 α 扩散的裂缝，这说明桩前及桩侧土的抵抗作用宽度 b_0 大于桩身实际宽度 b，桩前长度作用范围建议取 1 倍桩径，如图 5-19 所示。

由此可知，桩计算宽度与桩前土体扩散角有关，由此可根据前述章节确定的各个坡度扩散角来进一步确定桩的计算宽度，得到此次试验不同坡度条件下桩身计算宽度 b_0'（图 5-20），见表 5-8。

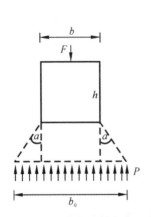 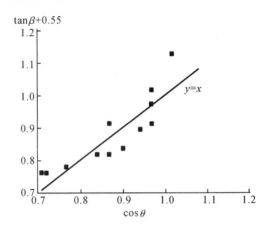

图 5-19　横向受荷桩计算宽度示意图　　图 5-20　实际桩身计算宽度 b_0' 随坡度的关系

表 5-8　不同坡度实际桩身计算宽度 b_0'

室内试验	坡度/（°）	12	13	26	33
	扩散角/（°）	18	22	16	17
现场试验	坡度/（°）	0	15	30	45
	扩散角/（°）	31	23	16.7	12.7

由表 5-8 可得，桩身计算宽度与坡度成反比，45°坡相对水平场地减小幅度约 6% ~ 23%。作出实际计算宽度随坡度正切值变化的关系曲线并进行线性拟合：

由图 5-20 得二元一次线性方程：

$$\cos\theta = \tan\beta + 0.55 \tag{5-35}$$

$$b_0' = \cos\theta \times [b + 2b\,(\cos\theta - 0.55)] \qquad (5\text{-}36)$$

式中：θ 为场地坡度（°），适用范围为 $0° \sim 45°$。

因此，基于式（3-2）规范经验 m 值计算公式，对斜坡场地时 m 值计算公式进行补充修正，如式（5-37）：

$$m = \frac{\left(\dfrac{H_{cr}}{X_{cr}}\nu_x\right)^{\frac{5}{3}}}{b_0'(EI)^{\frac{2}{3}}} \qquad (5\text{-}37)$$

式中：物理量仍按规范规定进行取值，当场地水平时，$b_0' = b_0$ 即为规范原公式。

5.3 本章小结

在前述分析的基础上，本章进一步归纳总结了斜坡土体抗力分布规律，根据分布特点提出了计算模式，并开展水平推压试验确定了相关参数取值。通过计算获得如下主要认识和结论。

（1）斜坡土体抗力具体表现为土抗力在地表较小，在上部也出现波动，随深度增加土压力不断减小，达最小值后，土压力在桩后又随深度增加而不断增加。具体来说，土体抗力随深度变化有如下三段：线性增大段、波动增大-减小段、反向减小段。

而随着土体不同抵抗变形阶段可分为：

① 水平荷载较小时（小于临界荷载），桩前土体处于线性变形阶段，桩侧土体水平抗力沿桩身均较小，要小于极限抗力。

② 水平荷载大于临界荷载小于极限荷载时，桩身转动点上段土体进入非线性变形阶段，下段土体仍处于线性变形阶段。此时转动点上段土体抗力已达到了土体极限抗力状态。

③ 水平荷载大于极限荷载，桩前、桩后土体均进入了加速变形阶段，转动点上、下土体水平抗力已达到了极限土体抗力。

（2）在一定假设的基础上，分别提出了当土体在线性变形阶段、桩身转动点上段土体进入非线性变形阶段、桩前-桩后土体均进入了加速变形阶段，土体抗力沿深度的计算公式。

（3）通过水平推压试验，得出土体极限抗力计算公式，并引入土性强度参数、斜坡坡度参数以修正土体极限抗力。

（4）对规范计算 m 值公式进行修正，考虑桩前土体应力扩散角的影响，以公式 $b_1 = \cos\theta \times [b + 2b(\cos\theta - 0.55)]$ 取代规范《建筑桩基技术规范》（JGJ 94—2008）（中国建筑科学研究院，2008）关于桩计算宽度的计算，修正了碎石土斜坡场地 m 值的计算方法。

第6章

本书理论在土体水平抗力计算中的应用

如前所述，桩-土受荷相互作用是个非常复杂的体系，到目前为止，还没有形成统一的土体水平抗力的计算模型及分析方法。本章通过 3 个计算算例对斜坡土体水平抗力进行计算，计算算例考虑斜坡场地实际中可能遇到的情况，分为水平场地工况（算例 1）、斜坡坡度小于土体内摩擦角工况（算例 2）、斜坡坡度大于土体内摩擦角工况（算例 3）。对于工况 1、工况 2，经典土压力理论（朗肯土压力理论和库仑土压力理论）分别给出了桩后土体表面水平和表面倾斜（表面倾角 θ 小于土体内摩擦角 φ 时）的假设和解答；而就工况 3 而言，经典土压力理论并未展开说明，故而工况 3 计算对比与验证拟采用数值模拟的方法进行说明。

6.1　土压力计算例 1

某混凝土桩如图 6-1（a）所示。桩长为 10 m，桩径为 1 m，假设桩背竖直、光滑，桩后土体表面水平，桩后土体为密实砂土，土体的重度 $\gamma =$ 18.5 kN/m³，内摩擦角 $\varphi = 30°$，计算作用在此桩上的土压力。

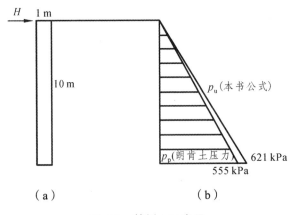

图 6-1　算例 1 示意图

1. 经典土压力理论解答

按题意，桩背竖直、光滑，土体表面水平，符合朗肯土压力理论公式计算条件。

故而被动土压力计算过程为：

被动土压力系数：

$$K_{\mathrm{p}} = \tan^2\left(45°+\frac{\varphi}{2}\right) = \tan^2\left(45°+\frac{30°}{2}\right) = 3$$

泥面处土压力：

$$p_{\mathrm{p1}} = \gamma z_1 K_{\mathrm{p}} = 0\ \mathrm{kPa}$$

桩底处土压力：

$$p_{\mathrm{p2}} = \gamma z_2 K_{\mathrm{p}} = 18.5 \times 10 \times 3 = 555\ \mathrm{kPa}$$

2. 本书方法计算解答

泥面处土体极限抗力：

$$p_{\mathrm{u}} = 0.5\left(\frac{b}{h}\right)^{0.35} \gamma K_{\mathrm{p}}^2 b^{0.3} x^{1.7} = 0\ \mathrm{kPa}$$

桩底处土体极限抗力：

$$p_{\mathrm{u}} = 0.5\left(\frac{b}{h}\right)^{0.35} \gamma K_{\mathrm{p}} b^{0.3} x^{1.7}$$
$$= 0.5 \times 0.1^{0.35} \times 18.5 \times 3 \times 1^{0.3} \times 10^{1.7} = 621\ \mathrm{kPa}$$

土体水平抗力分布如图 6-1（b）所示。

由上述两种方法计算所得桩侧土体水平抗力计算结果可知，本书方法与经典土压力理论（朗肯土压力理论）结果吻合较好，计算所得土体水平抗力极限值均随深度是线性增大的。本书方法较朗肯土压力理论略大，且随深度增大土体抗力的量值与经典土压力计算值差异逐渐加大，在桩底处略大，差异为 10%左右。这种计算结果与当前的相关研究结果相似：朗肯理论计算被动土压力偏小（赵其华等，2008）。分析认为朗肯土压力理论讨论的是平面应变问题，而桩的受力变形行为与挡土墙差异明显，本书方法基于室内外试验的分析，考虑了桩-土应力-应变特征，并考虑了计算深度桩形状性状的影响。

6.2 土压力计算例 2

某混凝土桩如图 6-2（a）所示。桩长为 10 m，桩径为 1 m，假设桩背竖直、光滑，桩后土体坡角为 20°，桩后土体为密实砂土，土体的重度 $\gamma =$ 18.5 kN/m³，内摩擦角 $\varphi = 30°$，计算作用在此桩上的被动土压力。

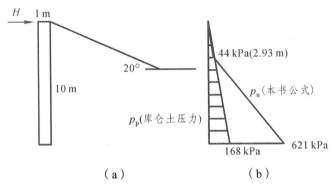

图 6-2　算例 2 示意图

1. 经典土压力理论解答

由于桩后土体为砂土，且土体表面倾斜，适用库仑土压力理论。

被动土压力系数：

$$K_{\mathrm{p}} = \frac{\cos^2 \varphi}{\left[1 - \sqrt{\dfrac{\sin \varphi \sin(\varphi - \theta)}{\cos \theta}} \right]^2} = 0.91$$

泥面处土压力：

$$p_{\mathrm{p}1} = \gamma z_1 K_{\mathrm{p}} = 0 \text{ kPa}$$

桩底处土压力：

$$p_{\mathrm{p}2} = \gamma z_2 K_{\mathrm{p}} = 18.5 \times 10 \times 0.91 = 168 \text{ kPa}$$

2. 本书方法计算解答

20°斜坡土体失效抗力深度确定：

$$5.83\tan\theta + 0.80 = 2.93 \text{ m}$$

被动土压力系数：

$$K_p = \tan^2\left(45° + \frac{\varphi}{2}\right) = \tan^2\left(45° + \frac{30°}{2}\right) = 3$$

泥面处土体极限抗力：

$$p_u = 0.5\left(\frac{b}{h}\right)^{0.35} \gamma K_p^2 b^{0.3} x^{1.7} = 0$$

有效抗力深度处土体极限抗力：

$$p_u = \frac{1}{1 + \tan\theta} 0.5\left(\frac{b}{h}\right)^{0.35} \gamma K_p b^{0.3} x^{1.7}$$
$$= 0.735 \times 0.5 \times 0.1^{0.35} \times 18.5 \times 3 \times 1^{0.3} \times 3.8^{1.7} = 87.5 \text{ kPa}$$

桩底处土体极限抗力：

$$p_u = 0.5\left(\frac{b}{h}\right)^{0.35} \gamma K_p b^{0.3} x^{1.7}$$
$$= 0.5 \times 0.1^{0.35} \times 18.5 \times 3 \times 1^{0.3} \times 10^{1.7} = 621 \text{ kPa}$$

土体水平抗力分布如图6-2（b）所示。

由上述两种方法计算所得桩侧土体水平抗力计算结果可知，本书方法与经典土压力理论结果相差较大，被动土压力随深度不同，在某一深度范围内，计算曲线与理论曲线变化趋势相似，但是随着深度的加大，计算值与理论值的分布形式出现明显的差异，且随着深度的增大，计算值明显大于理论值。由于本书方法考虑了土体抗力有效深度的范围，认为土体抗力有效深度以下土体抗力的大小与水平场地相近或一致，而在此深度以上斜坡坡度对土体水平抗力具有一定的折减效应。为了更进一步厘清斜坡场地土体水平抗力的分布特点，验证不同土压力计算方法的可行性，下节进一步通过数值模拟的方法对该算例计算进行分析说明。

6.3　土压力计算例 3

6.3.1　模拟方案

根据算例 2 对比结论可知，本书方法与经典土压力理论结果相差较大，为了进一步对本书方法加以说明和验证，采用数值模拟开展坡度对土体抗力作用的研究，进而归结坡度对土体水平抗力分布规律的影响。研究中考虑模型的建立以算例 2 情况作为原型，并同时开展工况 3 斜坡坡度大于土体内摩擦角的情况（改变斜坡坡度，拟设定斜坡坡度为 20°、30°）。

1. 计算程序采用 FLAC3D（陈育民，2013）

FLAC 是建立在拉格朗日算法基础上数值计算程序，针对岩土工程而开发和设计，对模拟岩土体大变形和扭曲特别适合。程序中包括了反映岩土材料力学效应的特殊计算功能，可解算岩土类材料的高度非线性、不可逆剪切破坏和压密等；另外，程序设有界面单元；此外，程序允许输入多种材料类型，亦可在计算过程中改变某个局部材料参数，增强了程序使用的灵活性，极大地方便了在计算上的处理。

2. 模型建立及计算参数

数值模拟计算模型的建立以算例 2 情况作为原型，并考虑斜坡坡度 30°时情况。其计算桩基桩径为 1 m，桩长为 10 m，以满足边界约束条件的需求，确定桩下坡方向土体长度取 9 倍桩截面宽度，桩后土体取 5 倍桩截面宽度，桩左右两侧分别取 4.5 倍桩截面宽度，建立三维计算的概化模型，具体参见表 6-1。岩土体、结构物理力学参数见表 6-2。建好的三维实体模型如图 6-3 所示。

表 6-1　模拟方案

坡度/（°）	桩基尺寸（长×宽×高）/（m×m×m）	模型尺寸（长×宽×高）/（m×m×m）
20	1×1×10	15×14×9
30		

表6-2 岩土体、结构计算参数

土体	重度 $\gamma/(kN/m^3)$	内聚力 c/kPa	内摩擦角 $\varphi/(°)$	桩	重度 $\gamma/(kN/m^3)$	弹性模量 $/(N/mm^2)$
	18.5	5	30		25	$3×10^4$

图6-3 碎石土场地数值模型图

3. 计算具体实施步骤

（1）建立模型及施加边界条件，底部边界约束水平和竖向位移，顶部边界为自由边界。

（2）自重应力的拟合。

（3）位移复位清零。

（4）在桩顶施加水平荷载，分析位移、桩周土压力。

计算中岩土体考虑为塑性材料，采用莫尔-库仑强度准则，桩基础为弹性材料；并设置桩-土接触面，模拟两者的摩擦以及土压力的变化。

6.3.2 数值模拟结果

地层用算例中土体参数进行赋值然后计算。数值计算输出桩身、桩周土体的变形计算结果，桩侧土压力计算结果，同时输出桩周土体代表性云图。各测点布点情况取间距 1.5 m。为了叙述方便，各计算模型的计算结果列表表示，见表6-3、表6-4。

表 6-3   20°坡度计算结果

计算结果	特征	图示
桩身位移	桩身变形呈一定的刚性桩变形特征，围绕一点转动，转动点深度约为埋深6.5 m。 桩身位移随荷载的增大而不断增大，桩顶位移最大，桩底最小	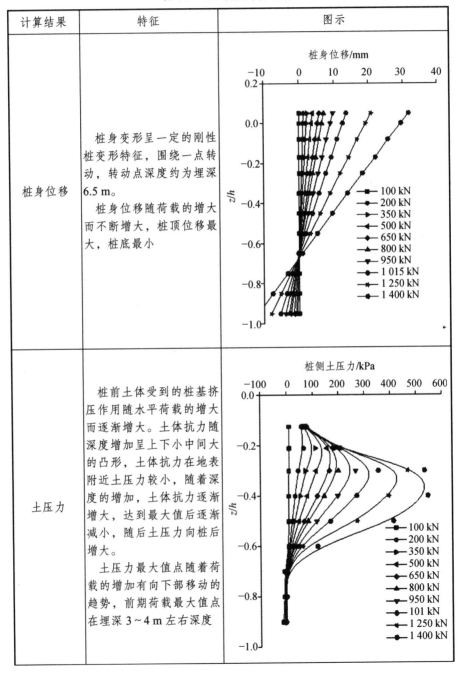
土压力	桩前土体受到的桩基挤压作用随水平荷载的增大而逐渐增大。土体抗力随深度增加呈上下小中间大的凸形，土体抗力在地表附近土压力较小，随着深度的增加，土体抗力逐渐增大，达到最大值后逐渐减小，随后土压力向桩后增大。 土压力最大值点随着荷载的增加有向下部移动的趋势，前期荷载最大值点在埋深3~4 m左右深度	

计算结果	特征	图示
桩身位移与土压力关系	土压力随桩身位移的变化在桩身上部保持相对稳定，很快达到稳定值，在桩埋深中部和深部土压力随位移增加呈不同速率降低，且并未达到稳定状态	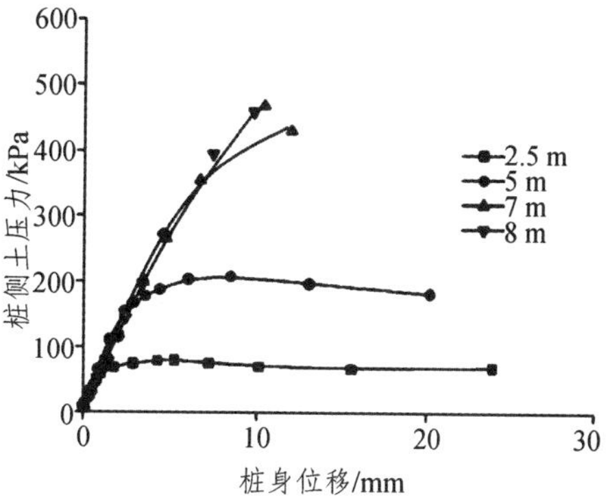
代表性云图	桩基加载结束时桩周土体向坡外方向的位移云图显示，最大位移位于坡面上部，呈扩散状向两边增大	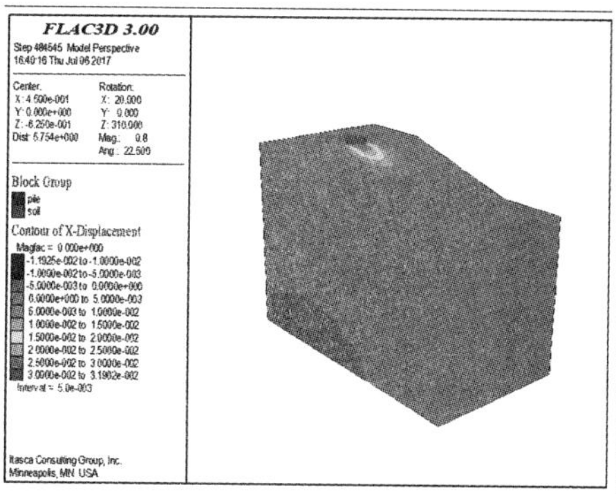
	桩基加载结束时桩周土体抗力云图显示，土体抗力随深度增加呈上下小中间大的凸形，土体抗力在地表附近土压力较小。随着深度的增加，土体抗力逐渐增大，达到最大值后逐渐减小	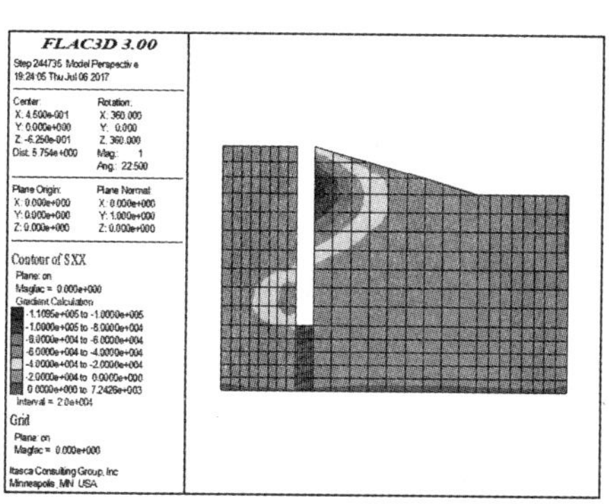

表6-4　30°坡度计算结果

计算结果	特征	图示
桩身位移	桩身变形呈一定的刚性桩的变形特征，围绕一点转动，转动点深度约为埋深8 m。 　桩身位移随荷载的增大而不断增大，桩顶位移最大，桩底最小	桩身位移/mm （图：纵坐标 z/h 从 0.2 到 -1.0，横坐标 -10 至 40，曲线图例：150 kN、300 kN、450 kN、600 kN、750 kN、900 kN、1 050 kN、1 200kN）
土压力	桩前土体受到的桩基挤压作用随水平荷载的增大而逐渐增大。土体抗力随深度增加呈上下小中间大的凸形，土体抗力在地表附近土压力较小，随着深度的增加，土体抗力逐渐增大，达到最大值后逐渐减小，随后土压力向桩后增大。 　土压力最大值点随荷载增大有向下部移动的趋势，前期荷载最大值点在埋深2 m，后期逐渐过渡到4.5 m左右深度	桩侧土压力/kPa （图：纵坐标 z/h 从 0.0 到 -1.0，横坐标 -50 至 250，曲线图例：150 kN、300 kN、450 kN、600 kN、750 kN、900 kN、1 050 kN、1 200 kN）

续表

计算结果	特征	图示
桩身位移与土压力关系	土压力随桩身位移的变化在桩身上部保持相对稳定值不变；在桩身中部和深部，土压力随位移增加呈不同速率降低，随后趋稳	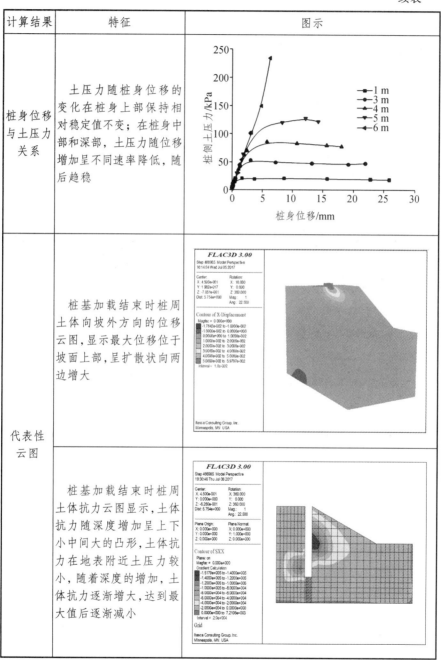
代表性云图	桩基加载结束时桩周土体向坡外方向的位移云图，显示最大位移位于坡面上部，呈扩散状向两边增大	
	桩基加载结束时桩周土体抗力云图显示，土体抗力随深度增加呈上下小中间大的凸形，土体抗力在地表附近土压力较小，随着深度的增加，土体抗力逐渐增大，达到最大值后逐渐减小	

175

（1）桩前土体受到的桩基挤压作用随水平荷载的增大而增大。土体抗力随深度增加呈上大下小中间大的凸形，土体抗力在地表附近土压力较小，随着深度的增加，土体抗力逐渐增大，达到最大值后逐渐减小，在桩身转动点附近达到极小值，而后土压力在桩后向桩底增大。

（2）桩周土体塑性变形云图见表 6-5，展现了解土体塑性状态发展过程及其与坡度的影响规律。

表 6-5　各级荷载作用下桩周土塑性区俯视图

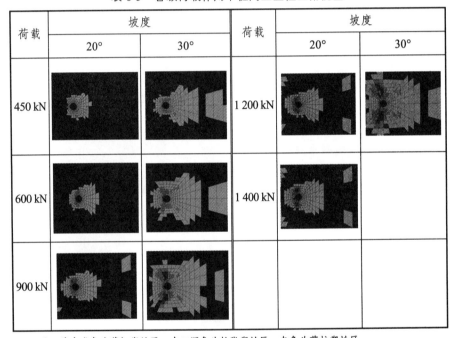

注：其中浅色为剪切塑性区，中心深色为拉张塑性区，灰色为剪拉塑性区。

由图可得，土体塑性区与桩顶荷载呈正比关系变化。塑性区出现的先后顺序为剪切塑性区-剪拉塑性区-拉张塑性区，分别出现在加载前期-中期-后期。这与室内外物理模拟试验过程中桩后产生拉张裂缝的情况吻合。且塑性区范围亦与荷载呈正比，如桩顶荷载为 1 050 kN 时，20°、30°坡桩前土体塑性区范围分别为 3.8 倍、5 倍桩径，桩两侧塑性区范围分别为 2.3 倍、4 倍桩径，桩后塑性区范围分别为 2.1 倍、2.5 倍桩径。

但是，塑性区的范围明显与坡度成反比，反映出桩前土体扩散角与斜坡坡度的关系，证实了桩前土体水平扩散角与坡度成反比。但由于有限差分法是基于连续网格而建立的，不能对桩前土体水平扩散角进行精确的定量分析。

6.3.3　数值计算结果与本书公式对比分析

数值模拟结果与本书所提公式的对比情况如图 6-4 和图 6-5 所示。

其中图 6-4 是以修正的 *m* 法计算的当桩顶位移为 3 mm 时土体抗力的大小及分布情况，修正的 *m* 法计算公式为：

$$m = \frac{\left(\dfrac{H_{cr}}{X_{cr}} v_x\right)^{\frac{5}{3}}}{b_0'(EI)^{\frac{2}{3}}}$$

参数表述及参数取值方法参见第 5.2.3 节。

图 6-5 是为土体极限抗力计算式与数值模拟计算结果的对比图。土体极限抗力计算式为：

$$p_u = \frac{1}{1+\tan\theta} 0.5\left(\frac{b}{h}\right)^{0.35} \gamma K_p b^{0.3} x^{1.7}$$

参数表述及参数取值方法参见第 5.2.2 节。

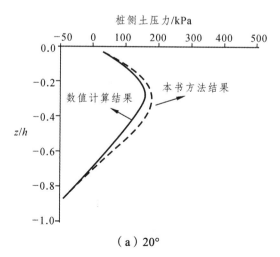

（a）20°

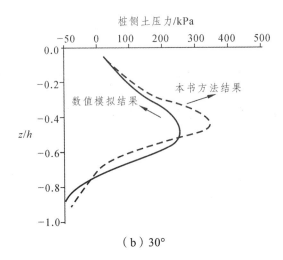

（b）30°

图 6-4　桩顶位移 3 mm 时土体水平抗力对比图（z/h 为深度与桩长的比值）

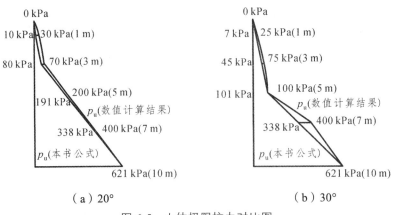

（a）20°　　　　　　　　　　　　（b）30°

图 6-5　土体极限抗力对比图

由图 6-4、图 6-5 可见，两者计算结果相近，误差较小。

6.4　本章小结

本书所述土体水平抗力计算方法分别用于计算水平场地、斜坡坡度小于土体内摩擦角、斜坡坡度大于土体内摩擦角三种工况，均得到了较好的解答。尤其是对于水平场地，采用本书的计算方法计算土体水平抗力与经典土体压力理论解答相近，误差在 10% 左右。但是对于斜坡场地，由于本书考虑了斜坡坡度效应,与经典土压力理论有较大的差别,但是通过数值模拟的验算,确定本书方法能够更好地估算斜坡场地土体抗力分布情况和量值,计算结果更为可靠和合理。

本书计算方法的推演是根据一定数量的室内外桩基的水平静荷载试验,通过统计和拟合分析获得的,其具有一定的适用范围:

(1)均质无黏性土层,地基承载力在 100 ~ 300 kPa 范围。

(2)刚性桩,桩径在 1.0 m,桩长为 10 m,桩基截面为方(圆)桩。

(3)承受集中荷载。

(4)水平或斜坡场地,斜坡坡度小于等于 45°。

如若用于指导工程设计和施工,仍需要在以后的研究中注意完善和加以改进,本书方法将为实际工程尤其是碎石土斜坡场地桩基的设计和施工带来良好的安全保障。

参考文献

［1］ 陈成，胡凯衡，2017. 汶川、芦山和鲁甸地震滑坡分布规律对比研究[J].
工程地质学报，25（3）：806-814.

［2］ 陈继彬，赵其华，彭社琴，等，2015. 弃土堆填对斜坡输电线塔桩基
地震反应的影响.岩土力学[J]. 岩土力学，36（8）：2277-2283.

［3］ 陈继彬，赵其华，彭社琴，2018. 碎石土斜坡土体水平抗力分布规律
研究[J]. 工程地质学报，26（4）：959-968.

［4］ 陈育民，2013. FLAC/FLAC3D 基础与工程实例[M]. 2 版. 北京：中国
水利水电出版社.

［5］ 成都理工大学，2015. 碎石土-基岩斜坡场地土体抗力比例系数 m 值取
值研究[R]. 成都理工大学.

［6］ 代贞伟，殷跃平，魏云杰，等，2016. 三峡库区藕塘滑坡变形失稳机
制研究[J]. 工程地质学报（1）：44-55.

［7］ 戴自航，2002. 抗滑桩滑坡推力和桩前滑体抗力分布规律的研究[J]. 岩
石力学与工程学报，4（21）：517-521.

［8］ 丁梓涵，赵其华，彭社琴，等，2016. 地基土强度对桩土水平作用特
性及 m 值影响的模型试验研究[J]. 水文地质工程地质，43（3）：113-117.

［9］ 范秋雁，杨钦杰，朱真，2011. 泥质软岩地基水平抗力系数研究[J]. 岩
土力学（A2）：137-142.

［10］ 黄润秋，裴向军，李天斌，2008. 汶川地震触发大光包巨型滑坡基本
特征及形成机理分析[J]. 工程地质学报，16（6）：730-741.

［11］ 黄英，何发祥，金克盛，等，2007. 胶结材料对云南红土胶结特性的
影响研究[J]. 铁道科学与工程学报，4（5）：51-56.

[12] 姜晨光，2010. 桩基工程理论与实践[M]. 北京：化学工业出版社.

[13] 李晓明，赵庆斌，杨祈敏，等，2018. 碎石土及碎石土-基岩地基斜坡
      场地 m 值研究[J].岩土力学，39（4）：1327-1336.

[14] 劳伟康，周治国，周立运，2008. 水平推力桩在大位移情况下 m 值的
      确定[J]. 岩土力学（1）：192-196.

[15] 廖景高，2014. 斜坡地基基桩水平抗力系数的比例系数 m 值取值研究
      [D]. 成都理工大学.

[16] 彭社琴，2009. 超深基坑支护结构与土相互作用研究：以润扬长江公
      路大桥南汊北锚碇深基坑工程为例[D]. 成都理工大学.

[17] 戚春香，王建华，李少波，2009. 桩径对桩土相互作用 p-y 曲线影响的
      研究[J]. 水利水电技术，40（3）：43-46.

[18] 水利部，1999. 土工试验方法：GB/T 50123—1999[S]. 北京：中国计
      划出版社.

[19] 孙永鑫，朱斌，陈仁朋，等，2014. 无粘性土中桩基水平非线性地基
      反力系数研究[J]. 海洋工程，2（32）：38-45.

[20] 唐川，铁永波，2009. 汶川震区北川县城魏家沟暴雨泥石流灾害调查
      分析[J]. 山地学报（5）：625-630.

[21] 汪杰，姚文娟，2016. 水平荷载作用下单桩桩周土抗力分布数值分析[J].
      安徽建筑（3）：132-134.

[22] 王建立，彭宏志，蔡先庆，2007. 昔格达地层地基抗力系数比例因子 m
      值的确定[J]. 路基工程，6：99-101.

[23] 王璠，2007. 大变位条件下板桩墙地基反力系数 m 值的实验研究[D].
      天津大学.

[24] 吴峰，时蓓玲，卓杨，2009. 水平受荷桩非线性 m 法研究[J]. 岩土工
      程学报，9（31）：1398-1401.

[25] 吴浩，2015. 碎石土～基岩复合基桩水平作用力参数 m 值研究[D]. 成
      都理工大学.

[26] 许强，黄润秋，殷跃平，等，2009. 2009 年 6·5 重庆武隆鸡尾山崩滑灾害基本特征与成因机理初步研究[J]. 工程地质学报，17(4)：433-444.

[27] 杨位洸，1998. 地基及基础[M]. 3 版. 北京：中国建筑工业出版社.

[28] 喻豪俊，2016. 斜坡碎石土地基单桩水平承载特性研究[D]. 成都理工大学.

[29] 赵春风，王卫中，赵程，等，2013. 砂土中竖向和弯矩荷载下单桩水平承载特性试验研究[J]. 岩石力学与工程学报（1）：184-190.

[30] 赵明华，黄利雄，刘思思，2009. 横向荷载对基桩竖向承载力的影响分析[J]. 公路交通科技，26（7）：44-48.

[31] 赵明华，尹平保，杨明辉，等，2012. 高陡斜坡上桥梁桩基受力特性及影响因素分析[J].中南大学学报（自然科学版）（7）：2733-2739.

[32] 赵其华，彭社琴，2008. 岩土支挡与锚固工程[M]. 成都：四川大学出版社.

[33] 张进林，沈军辉，2005. 单桩水平静载试验及成果参数取值问题初探[J]. 水文地质工程地质（4）：100-103.

[34] 郑刚，王丽，2009. 成层土中倾斜荷载作用下桩承载力有限元分析[J]. 岩土力学，3（30）：680-687.

[35] 中国建筑科学研究院，2008. 建筑桩基技术规范：JGJ 94—2008 [S]. 北京：中国建筑工业出版社.

[36] 中国建筑科学研究院，2014. 建筑基桩检测技术规范：JGJ 106—2014 [S]. 北京：中国建筑工业出版社.

[37] 中交公路规划设计院有限公司，2019. 公路桥涵地基与基础设计规范：JTG 3363—2019[S]. 北京：人民交通出版社.

[38] 朱碧堂，2005. 土体的极限抗力与侧向受荷桩性状[D]. 上海：同济大学.

[39] 住房和城乡建设部，2011. 混凝土结构设计规范：GB 50010—2010[S]. 北京：中国建筑工业出版社.

[40] 住房和城乡建设部，2011. 建筑地基基础设计规范：GB 50007—2011[S]. 北京：中国建筑工业出版社.

[41] American Petroleum Institute, 2001. Recommended practice for planning, designing and constructing fixed offshore platforms-working stress design[M]. Washington D C, Texas: API Publishing Services.

[42] ASHOUR M, NORRIS G, 2000. Modeling lateral soil-pile response based on soil-pile interactin[J]. J Geotech Geoenviron Engry, ASCE, 126（5）: 420-428.

[43] BARTON Y O, 1982. Laterally loaded model piles in sand: centrifuge tests and finite element analysed[D]. University of Cambridge.

[44] BIOT M, 1937. Bending of an infinite beam on an elastic foundation[J]. Journal of Applied Mechanics, Trans Am Soc Mech Engrs, 59: A1-A7.

[45] BOUFIA A, BOUGUERRA A, 1995. Odelisation en centrifugeuse du comportement d'un pieu flexible charge horizontalement a proximite d'un talus[J]. Canadian Geotechnical Journal, 32（2）: 324-335.

[46] BRINCH Hansen J, 1961. The ultimate resistance of rigid piles against transversal force[J]. Bulletin Danish Geotech Institute, 12:5-9.

[47] BROMS B, 1964. Lateral resistance of piles in cohesive soils[J]. J Soil Mech and Found Div, ASCE（92）: 27-63.

[48] CHAE K S, UGAI K, WAKAI A, 2004. Lateral resistance of short single piles and pile groups located near slopes [J]. International Journal of Geomechanics, 4（2）: 93-103.

[49] FLEMING W G K, RANDOLPH A J, ELSON W K, 1992. Pilling engineering[M]. London: Surrey University Press.

[50] GABR M A, BORDEN R H, 1990. Lateral analysis of piers constructed on slopes[J]. Journal of Geotechnical Engineering, 116（12）: 1831-1850.

[51] GEORGIADIS K , 1983. Development of p-y curves for layered soils[C]//Proceedings geotechnical practice in offshore engineering. ASCE specialty conference. Austin: 536-545.

[52] GEORGIADIS Kanagnostopoulos C, SAFLEKOU S, 1991. Interaction of laterally loaded piles[C]//Proceedings Fondations Profondes. Ponts et Chaussees, Paris: 177-184.

[53] GEORGIADIS Konstantinos, GEORGIADIS Michael, 2010. Undrained lateral pile response in sloping ground[J]. Journal of Geotechnical and Geoenvironmental Engineering, 15: 1488-1500.

[54] GEORGIADIS Konstantinos, GEORGIADIS Michael, 2012. Development of p-y curves for undrained response of piles near slopes[J]. Computers and Geotechnics, 40: 53-61.

[55] GEORGIADIS Konstantinos, 2014. The effect of surcharge load on the lateral resistance of a row of piles in clay[C]//8th European Conference on Numerical Methods in Geotechnical Engineering. Delft, The Netherlands: Volume 2.

[56] GUO Weidong, 2008. Laterally loaded rigid piles in cohesionless soil[J]. Can Geotech J, 45: 676-697.

[57] Le BLANC C, HOULSBY G T, BYRNE B W, 2010. Response of stiff piles in sand to long-term cyclic lateral loading[J]. G é otechnique, 60(2): 79-90.

[58] MATLOCK H, 1970. Correlation for design of laterally loaded piles in soft clay[C]. Houston: Offshore Technology Conference: 577-594.

[59] MATLOCK H, 1980. Correlations for design of lateral loaded piles in soft clay[C]//The Proceedings of the Second Offshore Technology Conference. Houston, Texas: 577-594.

[60] MEYERHOF G G, MATHUR, S K, VALSANGKA A J, 1981. Lateral resistance and deflection of rigid wall and piles in layered soils[J]. Can Geotech J, 18: 159-170.

[61] NEELY W J, STUART J G, GRAHAM J, 1973. Failure loads of vertical anchor plates in sand[J]. Soil Mech and Found Div, ASCE, 99 (SM9): 669-685.

[62] PETRASOVITS G, Awad A, 1972. Ultimate lateral resistance of a rigid pile in cohesionless soil[J]. Proc European Conf on Smfe.3:407-412.

[63] POULOS H G, 1976. Behavior of laterally loaded piles near a cut or slope[J]. Australian Geomechanics Journal, 6（1）: 6-12.

[64] POULUS H G, DAVIS E H, 1980. Pile foundation analysis and design[M]. New York: John Wiley & Sons.

[65] PRASAD Yenumula V S N, CHARI T R, 1999. Lateral capacity of model rigid piles in cohesionless soils[J]. Japanese Society of Soil Mechanics and Foundation Engineering, 39（2）: 21-29.

[66] REESEL C R F, 2011. Single piles and pile groups under lateral loading[M]. 2nd ed. Calabasas, Florida: CRC Press.

[67] REESE L, COX W R, KOOP F D, 1974. Analysis of laterally loaded piles in sand[C]//Proceedings of 6th Offshore Technology Conference. Houston: [s. n.]: 473-483.

[68] REESE L C, MATLOCK H, 1956. Non-dimensional solutions for laterally loaded piles with soil modulus assumed proportional to depth[C]//8th Texas Conference on Soil Mechanics and Foundation Engineering. Austin, Texas: 1-23.

[69] TERZAGHI K, 1955. Evaluation of coefficient of subgrade reaction[J]. G éotechnique, 5（4）: 197-226.

[70] TERZAGHI K, 1955. Evaluation of coefficients of subgrade reaction[J]. Geotechnique, 5（5）: 297-326.

[71] VESIC A B, 1961. Beam on elastic subgrad and the Winkler's hypothesies[C]//Proc 5th ICSMFE. Paris, France. Vol 1: 845-851.

[72] ZHANG L, SILVA F, GRISMALA R, 2005. Ultimate lateral resistance to piles in cohesionless soils[J]. Journal of Geotechnical and Geoenvironmental Engineering, 131（1）: 78-83.

[73] ZHANG Lianyang, 2009. Nonlinear analysis of laterally loaded rigid piles in cohesionless soil[J]. Computers and Geotechnics, 36: 718-724.